Alice's Adventure in Puzzle-Land

ハートの女王と
マハラジャの対決

パズルの国のアリス 3

坂井 公 ［著］

斉藤重之 ［イラスト］

発行 日経サイエンス社
発売 日本経済新聞出版社

まえがき

　月刊誌「日経サイエンス」のコラム「パズルの国のアリス」も，連載をずるずると続けていると3冊目を出していただけるほどに原稿がたまったようだ。今回は2016年2月号掲載分から2018年12月号掲載分までということだが，初回から数えると116話にもなる。いつもネタ切れを心配しながら自転車操業のように原稿を書いているが，本誌の連載のほうはもう10年を超えてしまい11年目に入っている。

　私事になるが，筆者自身の境遇も，連載開始当時とはずいぶん変わった。勤務していた大学は定年になり，今は毎日が日曜日の身分だ。悠々自適で原稿もすらすらと用意できると言いたいところだが，残念ながら，生来の怠け癖はちっとも改まらず，原稿が遅くていつも担当編集者に迷惑をかけている。

　その編集者も，最初は詫摩雅子さん，次は菊池邦子さん，さらに湯浅歩さんと3代も替わり，10年という歳月の長さを実感させられる。有り難いと思うのは，イラストを担当しておられる斉藤重之さんで，10年以上ずっとあの味のあるアリスやハートの女王を描き続けて下さっている。アリスの絵は，オリジナルのテニエルによるものやディズニーのアニメ映画のものが圧倒的に有名だし人気もあるが，筆者にはもう斉藤さんの絵でないとアリスのような気がしないほどだ。こうして，3冊目が出せることについては，まず，3代にわたる編集者の皆さんと斉藤さんにお礼を申し上げておきたい。

　今回も，アリスをはじめとして，不思議の国や鏡の国の面々は大活躍だ。原本には出てこないのに僭越にも筆者が勝手に創造したマハラジャやヤマネの姪たちなども，オリジナルキャラクターに交じって負けず劣らず頑張っているので，彼らのストーリーもパズルと同時に楽しんでいただけるととても嬉しい。

　毎回，まえがきで同じようなことを書いて恐縮だが，息も絶え絶えとはいえともかくもこのような連載を10年も続けてこられたのは，パズルの題材を探す上でこの上ない種本があったからだ。その著者であるウィンクラー（Peter Winkler）に感謝を捧げるのはもちろんだが，さすがに良問ぞろいの種本も，使

いたいと思うパズル種がだいぶ枯渇してきた。

　こういう事態になって思うのは，いつも筆者のお手本になっていた大先達ガードナー（Martin Gardner）のことである。4半世紀にわたり「数学ゲーム」という連載記事を毎月書き続けることがどんなに大変なことか，想像はついていたがまさに身に染みて感じさせられる11年目である。定年後は今までより時間が自由になるから，ネタ探しに使える時間が増えるだろうと漠然と考えていた。確かにその通りで，時間は少し多くかけられるようになったのだが，どっこい面白い数学パズルのネタなどそう簡単には見つからないものである。すべて筆者の浅学非才のせいとはいえ，ガードナーが連載終了後にも多くの著作を出し続けていたことに驚異と感嘆を禁じ得ない毎日である。

　それでも，2冊目のまえがきにも書いたように連載を「可能な限り長く続けていきたい」という思いは持ち続けている。いつまで続けられるかわからないが，読者の皆さまからの応援を励みにしたいと考えているので，温かく見守っていただければ幸いだ。

2019年5月　　坂井 公

ハートの女王と
マハラジャの対決
パズルの国のアリス3

目次

	まえがき ………………………………………………………………	1
第82話	ハートの女王とマハラジャの勝負 ………………………………	6
第83話	双子に負けるな！ 新コーカスレース ……………………………	12
第84話	速乾式拭き掃除機 …………………………………………………	20
第85話	距離100メートル隔たった兵士たち ………………………………	24
第86話	顔色をうかがい合うクラブ王室の面々 …………………………	28
第87話	毎日意見を変えるダイヤの兵士たち ……………………………	33
第88話	トランプ王室晩餐会の席順 ………………………………………	38
第89話	ビリヤード名人対グリフォン ……………………………………	42
第90話	いつ賭ける？　いくら賭ける？ …………………………………	48
第91話	鏡の国も異常気象 …………………………………………………	54
第92話	続・賢者たちのチーム戦 …………………………………………	59
第93話	鏡の国のサイコロ製造工場 ………………………………………	64
第94話	モグラ大学の卒業試験 ……………………………………………	70
第95話	続・モグラ大学の卒業試験 ………………………………………	75
第96話	ヤマネ，また姪たちの信頼を失う ………………………………	78
第97話	ヤマネの姪たちの習い事 …………………………………………	82
第98話	ハート王室の金庫を開錠せよ ……………………………………	88

第 99 話	鏡の国はスパイ天国？	92
第 100 話	勝負の決着を早めるには	98
第 101 話	続・勝負の決着を早めるには	103
第 102 話	大工と白騎士，鏡の国の面子をかけて	108
第 103 話	展示台の設計	112
第 104 話	モグラ国芸能団によるモグラ叩き芸	116
第 105 話	騎士同士のナイトツアー対決	122
第 106 話	トランプ王国の故宮を復元せよ	128
第 107 話	平等な綱引き	136
第 108 話	続・ヤマネたちの安心領域	140
第 109 話	宅配便の料金はなるべく安く	144
第 110 話	続・双子がもらった小切手帳	149
第 111 話	寂しがり屋の蟻たち	156
第 112 話	正 8 面体サイコロに色を塗ろう	162
第 113 話	正多角形を小さくたたむには？	169
第 114 話	トランプ兵士たちの相愛図	176
第 115 話	大工と助手の配線工事	182
第 116 話	賞金の分割	186

第82話 | ハートの女王とマハラジャの勝負

　アリスは，久しぶりに不思議の国のトランプ王宮をたずねてみた。執事役の白ウサギに聞くと，例のマハラジャ出身と噂されるお大尽が来ていて，ハートの女王と何やら別室にこもってお取り込み中だという。へたに女王の邪魔をすると「首をはねよ」とやられるのがオチなので，こっそり様子を見に行ってもらうと，銀

貨を投げてはそれをやり取りするという賭けをやっているだけらしい。アリスはちょっと安心して，白ウサギに案内してもらって挨拶に行ったが，女王は，難しい顔を崩さない。どうやら賭けの結果がおもわしくないらしい。

聞くところによれば，マハラジャは自分が不利になる賭けを提案したのだが（第49話「マハラジャの風変わりな賭け遊び」，『数学パズルの迷宮　パズルの国のアリス2』），それがしゃくにさわった女王は，そんなことをしなくとも自分が勝つに決まっていると言って，対等な賭けに固執した。やり方は女王がポケットから銀貨を取り出して投げる。裏が出ると投げた銀貨はマハラジャに没収されるが，表が出ると2枚の銀貨と交換してもらえるというものだ。ところが，始めてみると最初に裏が出てしまい，女王は，自分が勝つと言った手前，なんとかその赤字を回復しようと躍起になっているところだった。

マハラジャにとっても，自分が黒字で終わるなどということはまったくありがたくないことなので，アリスの挨拶を受けた後も何度も銀貨を投げ，ようやく2人の収支がトントンになったのは，初めからの通算で結局20回もコイン投げをしたあとだった。

さて，読者への問題だが，まずウォーミングアップとして，20回目に収支が0になる確率を求めていただきたい。もちろん銀貨には歪みはなく表裏が出る確率はどちらも1/2とする。次には，その中で上に述べたようなことが起こる，つまり途中では常にハートの女王が赤字になっている（条件付き）確率を求めてほしい。

その後，小休止を挟んで，女王とマハラジャは勝負を再開したが，今度はたてつづけに3回裏が出てしまい，その後さらに17回コイン投げをしたが，女王は途中累計で一度も赤字が消えることなく最終的には銀貨4枚の赤字の状態で不本意ながら賭けを終了した。この場合，最後の17回のコイン投げの結果は明らかに，裏が9回，表が8回であるが，実際の表裏の出方には何通りの可能性があるだろうか？

第82話の解答

　表記の都合上，コイン投げで表が出る場合をH，裏が出る場合をTと表し（それぞれ英語のheadとtailの頭文字），HとTの列でコイン投げ結果の経緯を表すことにしよう。例えば，HHTは，最初2回表が出て，3回目で裏が出た場合だ。ウォーミングアップ問題は，高校数学での順列・組合せ・確率の簡単な復習だから，多くの説明は要るまい。1回のコイン投げでHとTのどちらになるかはどちらも1/2であり，各コイン投げは独立だから，長さ20のある特定のHT列が出る確率はどれも$1/2^{20}$だ。一方，収支が0になったということは，その列に含まれているHとTの数が10個ずつだということだ。そのような列は明らかに全部で${}_{20}C_{10} = 20!/(10! \times 10!)$通りある。したがって，求める確率は

$$\frac{{}_{20}C_{10}}{2^{20}} = \frac{184756}{1048576} \approx 0.1762$$

である。

　次の問題は，通常の高校数学の範囲で解こうとすると少し難しいが，組合せ論ではお馴染みの数を使って答えられるので，ご存知の読者も多かろう。ベルギーの数学者の名前を冠したカタラン数$\mathrm{Cat}(n)$というものだ。この数の定義の仕方はいろいろと考えられるが，一番，計算しやすい形で与えるならば

$$\mathrm{Cat}(n) = \frac{{}_{2n}C_n}{n+1} = \frac{(2n)!}{(n+1)! \, n!}$$

となる。さて，「20回目に収支が0になったが，途中は常にハートの女王の赤字だった」ということはHT列で考えると，その列を途中で左右に切り分けたとき，左の列は常にTのほうが多く，右の列はHのほうが多いということだが，そのような列の総数は$\mathrm{Cat}(9)$で与えられる。したがって，問題の条件付き確率は

$$\frac{\mathrm{Cat}(9)}{{}_{20}C_{10}} = \frac{1}{38}$$

だ。20回目で初めて赤字が解消されるようなHT列の総数が，どうして$\mathrm{Cat}(9)$

$= {}_{18}C_9/10$になるのかという点は後回しにして，この数が組合せ論でいかに頻繁に出てくるかについて，少し述べよう．実は，筆者の拙い紹介を読んでもらうより「カタラン数」というキーワードでインターネット検索をしてもらったほうが，はるかに多くの有用な情報が入手できるが，中には，カタラン数の解釈の仕方は100以上もあると書いてあるようなページもあるから，それが事実なら，カタラン数の定義の仕方も同様にたくさんあるわけだ．邦訳はされていないようだが「Catalan Numbers with Applications」（Thomas Koshy著，Oxford Univesity Press）という400ページを超える本もある．

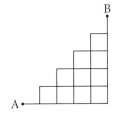

カタラン数の組合せ論的解釈で一番よく引き合いに出されるのは右図のような街路を通ってA点からB点へ行く最短ルートの総数だろう．右図の場合，答えはCat(5) = 42だ．一般には，AとBが街路にして東西にも南北にもn単位離れている場合の答えがCat(n)だ．

この解釈から，先のHT列の総数がCat(9)に等しいことが直ちに出てくる．というのは，Hに南北の街路，Tに東西の街路を1単位ずつ対応させればよいからだ．条件より，最初はT（東西），最後はH（南北）であり，途中は（赤字が解消しないということにより）$n = 9$の場合に上のような街路を進む場合と1対1に対応する．

カタラン数のもう1つの代表的な解釈は，右図の左のような凸多角形を，中央や右に例示したように，対角線で

三角形に分割する仕方の総数だ．凸6角形の場合，答えはCat(4) = 14である．一般に凸n角形の場合，答えはCat($n-2$)になる．

カタラン数と密接な関係を持つものには，さらに次のようなものもある．今$a_1 - a_2 - a_3 - \cdots - a_n$という式を考えよう．この式の通常の解釈は$(\cdots((a_1 - a_2) - a_3) - \cdots - a_n)$だが，括弧の入れ方，つまりどの引き算を先にやるかによって結果は異なる．このような括弧のない式への括弧の入れ方の総数はCat($n-1$)となるから，計算結果にも最大それだけのバラエティがある（実は，引き算の場合，生じうるバラエティは2^{n-2}だけだが，もっと別の2項演算ならCat($n-1$)ということもありうる）．

カタラン数を導く漸化式も多い。例えば，

$$\mathrm{Cat}(n+1)=\sum_{i=0}^{n}\mathrm{Cat}(i)\,\mathrm{Cat}(n-i),\ \mathrm{Cat}(n+1)=\sum_{i=0}^{n}\frac{4n+2}{n+2}\mathrm{Cat}(n)$$

などである。特に前者は，自然な組合せ論的解釈が可能だし，カタラン数が母関数として

$$f(x)=\frac{1-\sqrt{1-4x}}{2x}$$

を持つことも帰結される重要な式である。上の母関数において$\sqrt{1-4x}=(1-4x)^{1/2}$の部分をニュートンの2項定理によって展開すれば

$$\sqrt{1-4x}=1+\binom{1/2}{1}(-4x)+\binom{1/2}{2}(-4x)^2+\cdots+\binom{1/2}{n}(-4x)^n+\cdots$$

となるので，$\mathrm{Cat}(n)=(2n)!/(n+1)!\,n!$が得られるが，この計算はいささか面倒だし，母関数についての知識も必要なのでそれらに強い人への演習問題としよう。

　じつは，問題の列の総数が$18!/(10!\times 9!)$で与えられるということは，カタラン数やその母関数を持ち出さなくとも，ちょっと巧妙な考え方をすれば組合せ論的に証明できる。最後の問題を考えながら，このアイデアを説明しよう。最後の問題は「赤字3で始まって，17回コイン投げをしたあげく赤字4で終わった。途中一度も赤字が消えなかったならば，コイン投げの表裏の出方には何通りの可能性があるか？」というものだ。

　問題で述べているようにコイン投げの結果は，表が8回，裏が9回に違いない。そのようなHT列の総数を単純に数えると，結果は$_{17}C_9\,(=_{17}C_8=24310)$だが，この中にはHHHで始まるような列が含まれ，これは3回目で赤字を0にするから条件に適合しない。逆に言えば，このような不適合列がいくつあるか数えることができると，それを24310から引いてやれば答えが得られる。さて，巧妙な考え方とは次のようなものである。今，例えばHTHHTHHHTTTTTHTHTというような列をとってみよう。この列はHを8個，Tを9個含むが，（赤で示した）7回目のコイン投げにより赤字が0になるので，適合しない。そこで，そこより後

のTとHをすべて反転してみよう。上の例ならHTHHTHHTHHHHHTHTHとするわけだ（反転部位を青で示した）。この列にはTが5個とHが12個含まれているが，そのことは一般的に成り立つ。つまり，Hを8個，Tを9個含む列があり，途中で赤字が消える（HがTより3個多くなる）ことがあるならば，初めてそうなった時点から先ですべてのTとHを反転した列は，Tを5個とHを12個含む。これは簡単な算数だ。最初に赤字が消えた時点までのTの個数をtとおくと，その時点までのHの個数は$h = t + 3$である。だから，元の列における，それより後のTの個数は$9 - t$であり，Hの個数は$8 - h = 5 - t$だ。ここでTとHを反転させれば，それらの個数が入れ替わるので，新しい列ではTの個数は$t + (5 - t) = 5$となりHの個数は$(t + 3) + (9 - t) = 12$となる。だから，Hを8個，Tを9個含む列で途中で赤字を消すものがあるとし，それに上記のような変換を行うと，Tを5個，Hを12個含む列に変わる。ポイントはこの変換が可逆だということだ。逆にTを5個，Hを12個含む列があったとしよう。赤字3から始めても結果は黒字になって終わるので，必ず赤字が消える瞬間がある。その最初の時点から先でHとTを反転させると，その列はHを8個，Tを9個含む列に変わる。

つまり，Hを8個，Tを9個含み赤字が途中で消えることがある列と，Tを5個，Hを12個含む列とは，1対1に対応するということだ。したがって，このような列の総数は$_{17}C_{12}$（$= {}_{17}C_5 = 6188$）であり，元の問題の答えは$_{17}C_9 - {}_{17}C_{12} = 18122$ということになる。

一般に赤字rから始めてm回コインを投げ最終赤字がsで終わった場合，裏が出た回数は$t = (m + s - r)/2$で表が出た回数は$h = (m + r - s)/2$だが，途中で赤字が解消されることがないという条件があると，同様な考察により，そのようなコイン投げの表裏の出方には$_mC_t - {}_mC_{t+r}$通りあることがわかる。最初に裏が出て，その赤字がやっと20回目に解消したというのは，$m = 18$，$r = t = 1$の場合に当たり，$_{18}C_9 - {}_{18}C_{10} = 18!/(10! \times 9!)$通りある。カタラン数$\mathrm{Cat}(n)$の式もこの考え方で

$$_{2n}C_n - {}_{2n}C_{n+1} = \frac{(2n)!}{n! \, n!} - \frac{(2n)!}{(n+1)! \, (n-1)!} = \frac{(2n)!}{(n+1)! \, n!}$$

と求めることができる。

第83話 双子に負けるな！ 新コーカスレース

「また新しくて面白いコーカスレースを思いついたわ」とドードー鳥が得意気に言った。集まっているのは，わけのわからない競走をやっては，その賞品をアリスにねだることが癖になっている連中ばかりで，思わず皆聞き耳を立てる。

「今度のはね，平地を走るんじゃなくて，ほら，そこに見える山に登るの」。それを聞いて，聴衆は登山なんてウンザリという顔だが，ドードーはまるで気に留めていない。「大丈夫。早く登ったほうが勝ちというわけじゃないから。朝の10時にここを出発して，午後の4時に山頂の山小屋に着けばいいのよ。時間はたっぷりあるでしょ。道もいろいろとあるから，各自好きなコースを辿っていい。決めたコースを外れなければ，途中で引き返して寄り道したり，お昼を食べたり，昼寝をしたり，何でも好きにしていいわ。条件は2つだけ。朝10時に出発して午後4時には山小屋に着いていることと，決めたコースを途中で外れないことよ」。

それでも，ためらっている面々を見て，「着いたら大宴会と温泉よ。いい計画でしょ。それで，その晩はそのまま山小屋に泊まるの。翌日は，前日と同じコースを通って下山する。このときも歩くペースはどうでもいい。条件は同じで，朝10時に出発して午後4時にここに着いていることと，コースを途中で外れないことよ」。

アリスは外泊を許してもらえず，参加をあきらめたが，そんな自分がなぜ賞品をねだられなければならないのか不満顔だった。レースが終わってみると，面倒くさげに参加した者が多かっただけあって結果はさんざんだった。そもそも寝坊して出発が遅れたもの，途中での昼寝が長すぎて到着時間に遅れたもの，山道で迷ってコースを外れたものが続出した。下山のときも同様で，前日の宴会のせいで，寝坊したり体調を崩したりして，時間やコースを守れないものが大勢いた。結局，行き帰りとも条件を満たして，アリスが賞品として金平糖を渡すことにな

ったものは，オウムとネズミのほかは鏡の国から飛び入り参加したトウィードルダムとトウィードルディーの双子兄弟だけで，合計4名だった。

　グリフォンにその話をすると，グリフォンは妙なことを言い出した。「ふーん，そうするとネズミは，行きと帰りの途中，ちょうど同じ時刻に同じ標高の地点にいた瞬間があることになるな。オウムや双子のそれぞれもそうだ」。読者にはまずこの言葉の根拠を考えていただきたい。

　アリスは，グリフォンからその理由を聞いて納得したが，そういえば，双子が次のように自慢気に話していたことを思い出した。「俺たち2人は，それぞれ別のルートを行ったんだけど，2人で連絡しあって出発してから目標地点に着くま

でどの瞬間でも同じ標高の場所にいようと決めたんだ。そういう条件付きで今度のレースをクリアできたので，大満足だね」。それを聞いて今度はグリフォンが首をかしげた。

「2人のコースが単調な上りだけだったら，スピードを調整すればそんなことも可能だろうけど……たまたまそうだったのかな？」と，しばらく考えていたが，「あ，そうか。コースを逆戻りしてもよかったんだね。なるほど。そしたら，2つのコースに上り下りがあったり平らな部分があったとしても，進むスピードや向きを変えることで，いつも同じ標高にいるという条件を保って目的地に到着できるな。あ，どちらかのコースに出発点より標高が低くなる地点や目的地より標高が高くなる地点がある場合は，無理かもしれない。それに，出せるスピードに限界があってもだめかもしれないが，そうでなければどんな2つのコースでも，2人で歩調を合わせれば，必ずうまくやる方法がある」。

さて，読者には，次にグリフォンのこの言葉の根拠も考えていただこう。

第83話の解答

　最初の問題は易しすぎたかもしれない。おそらく一番納得しやすいのは，翌日にも，初日にネズミが登ったのと同じコースをまったく同じように，もう1匹のネズミが登ってくると考えることだろう。同じコースを来るのだから，2匹のネズミはどこかで出会うに違いない。その出会った時刻こそ問題の瞬間であり，同じ場所にいるのだから当然標高は同じである。

　やや大げさな道具立てを使って解くなら，この問題を中間値の定理の応用と考えることもできる。出発点と目的地の標高をaとbとし，初日と2日目にネズミのいる位置の標高を時刻tの関数$h(t)$，$g(t)$とするなら，出発時刻t_0において$h(t_0)-g(t_0)=a-b$は負，到着時刻t_1において$h(t_1)-g(t_1)=b-a$は正である。$h(t)-g(t)$は連続だから，中間値の定理により，t_0とt_1の間のどこかの時刻tで$h(t)-g(t)=0$になる。すなわち，その時刻tにおいて標高$h(t)$と$g(t)$は等しい。

　この少々大げさすぎる道具立てに，先の議論より有用な点があるとすれば，2匹が辿ったコースが同じでなくとも，また出発点と目的地は，それぞれ標高さえ逆転していれば，同じ場所でなくとも機能するということぐらいだろうか。

　しかし，2つ目の問題を考えるには，ダムとディーが辿った道の出発点と目的地が同じであることは忘れて，その標高だけに着目したほうがよいかもしれない。最初にグリフォンが考えたように，2人のコースが単調な上りだけだったら，2人が常に同じ標高にいるように上っていくことができる。そのためには，特に連絡をとらなくとも，標高に関して同一のペースで上がるようにスピードを調整していけばよい。例えば1時間につき標高にして100m上るという具合だ。緩やかな所では早足で，急な所ではゆっくりと上るということになるが，スピードに制限がないのだから調整は簡単だ。実は，コースに平坦な部分があっても，問題ない。例えばダムのコースの一部に平坦な部分があったとすると，ダムがそこを歩いている間，標高は変化しないのだから，ディーはただ休んでいればよい。

　したがって，2人のコースには平坦な部分がないとしてもかまわないし，上る場合も下る場合も標高は同じペースで変化するとしてもよい。すると，2人のコースは，時間を横軸に標高を縦軸にとると，傾き±1の折れ線だけで構成される

15

することができる。

ただ注意しておくと、その歩き方は、簡単でもなければ、無駄のないものでもない。そのような実例として、峠と谷を1つずつ持つだけの2つのコースを考えてみよう。

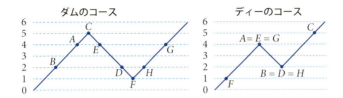

この2つのコースについて先のような同じ標高を持つ点のグラフを描くと、下図のようになる。このグラフによればAからHまでの経路を辿って、ゴールに着くことになるが、上の図ではそのAからHまでの点を2人のコース上に示した。ダムもディーも激しく行ったり来たりしている様子がわかるだろう。

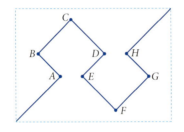

数学的に厳密に考えると、上記の解は、登山コースがどれも連続であり、有限個の単調な区間に分割できるものと暗黙に仮定しているが、普通このことは了解いただけると思う。

また、参考までにグラフ上に孤立点や十字路が生ずる例を挙げておこう。右ページの図の左と中央のような2つのコースの場合、グラフは右のようになる。標高3のa_1とb_1はともに峠だからグラフ上で点(a_1, b_1)は十字路の交差点となり、標高2のa_2とb_2は一方が峠で他方が谷だから点(a_2, b_2)は孤立点となる。a_1とb_1のようにともに峠になったりともに谷になったりしている地点では、進むべきか退くべきかをうまく判断しないと、遠回りしたり堂々巡りに陥ったりすること

があるので，先を見通して計画的に行動する必要がある。

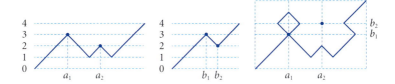

第84話 速乾式拭き掃除機

　不思議の国のトランプ王宮では，またハートの女王が「首をはねよ！」を連発していた。前に，赤いバラを植えるように言われたのに，スペードの兵士たちが白いバラを植えてしまったことがあったが，失敗から学習しないのは，トランプ兵士たちの通弊である。今度は，逆に白いバラを植えるべき場所に，クラブの兵士たちが赤いバラを植えてしまった。

　以前の失敗では，スペードの兵士たちがバラの花に赤いペンキを塗ってごまかそうとしたことを，クラブの10が聞き出してきて，今回もその手でいこうということになった。ところが，赤いバラに塗るための白ペンキを用意していたクラブの兵士たちが，こともあろうに赤い絨毯が敷き詰められた大広間でつまずいて，

白ペンキを一面にぶちまけてしまったというわけである。ペンキは広がって直径10mという巨大な円形の染みになってしまった。

ハートの女王は怒り心頭に発し，今度ばかりは口癖の「首をはねよ！」を実行に移しかねない剣幕だ。兵士たちには，善後策を講じようにもいい知恵も浮かばないので，こういう場合の知恵袋である鏡の国の白騎士に急遽伝令を飛ばして相談した。

白騎士の手もとにペンキの溶剤はあるが，それでペンキを溶かした後は，すぐに拭い取って乾燥させないと，絨毯が脱色したり斑に染みが残ったりしかねない。白騎士は，昔，実験的に速乾式拭き掃除機を開発したことがあることを思い出した。それを改造して，水の代わりにペンキの溶剤を使えばよさそうだ。

早速，改造拭き掃除機を作って，隅の部分で実験したところ，うまく動作するようだ。どのようにして使うかというと，まず，拭きたい場所のスタート位置からゴール位置まで真っすぐにガイド線を張り，拭き掃除機をスタート位置にセットする。スタートボタンを押すと，ガイド線に沿って掃除機が動き，幅10cmの帯状にペンキがきれいに拭い取られるというわけである。けれど，このガイド線を張るという作業が意外に面倒だ。

ともかく，幅10cmの帯を平行に100本置けば，直径10mの円は覆えるわけだから，その方針でペンキの染み抜き作業を始めようとしたら，クラブのエースが「待った」をかけた。「この拭き掃除機を隅っこのほうで使うと，ペンキの除去ができる部分は短いよな。もっと真ん中に近いところを通るようにガイド線を張ったほうが，たくさんペンキが拭えるぞ。うまくすると，100回もガイド線を張らなくてもいいかもしれない」。

すると，クラブの2が反対意見を唱えた。「ガイド線を平行に張らないと，どうしたって掃除できる部分には重なりができるよ。その部分の二重の掃除は無駄になるだけだから，結局100回以上かかるんじゃないか？」

読者の皆さんには，このクラブのエースの提案について考えていただきたい。簡単にいえば，幅10cmの帯（長さは任意）100本未満で直径10mの円を覆う方法があるかだ。そういう方法があればそれを示して，クラブの兵士たちの作業を手伝ってやってほしい。反対に，幅10cmの帯で直径10mの円を覆うにはどうしても100本必要というなら，そのことを証明していただきたい。

第84話の解答

　例えば，一度になるべくたくさんのペンキ染みを処理しようとして，常に円の中心を通るように拭き掃除機を動かすとどうだろうか。直径10mの円の円周は10πmだから，中心を通る帯だけで円を覆うには，帯が大体$10\pi/0.2=50\pi$本くらい必要になり150を軽く超えてしまう。他の覆い方をしても，100本未満で済ますことはできなさそうだ。

　実は，結論から述べるならば，幅10cmの帯100本未満で直径10mの円を覆うことはできない。結論自体は，そんなに意外ということもないだろうが，そのことの証明は簡単ではないようだ。しかも，その証明には，2次元よりも3次元での議論を使うのがいいようなのだ。

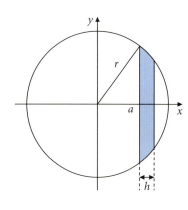

　まず，球の表面積に関する知識に言及しよう。意外に知られていないかもしれない。球を2つの平行な平面でスライスしてできた図形を考える。聞きなれない言葉だが，このような図形には「球帯」という名前がついているらしい。また，球の極をその近くの緯線を含む平面で薄く切り落としたものは「球冠」と呼ぶ。球の表面積に関する意外に知られていない知識とは，「球帯や球冠に含まれる球の表面部分の面積は，球帯や球冠の厚さhと球の半径rにのみ依存して決まり，$2\pi rh$になる」ということだ。まん丸のリンゴがあるとして，それを同じ厚さに薄くスライスした場合，「各スライス1片が含む皮の量はどれも同じ」だといってもよい。

　もっと初等的な説明があるかもしれないが，積分計算を苦にしない人のために証明しておこう。上の図において，大学初年級の微積分の教科書にある回転体の表面積の公式により，

$$S = 2\pi \int_a^{a+h} y\sqrt{1+(y')^2}\,dx$$

が問題の表面部分の面積だ（y'はyをxで微分したもの）。ここで$r^2 = x^2 + y^2$より，$y' = -x/y$だから

$$S = 2\pi \int_a^{a+h} y\sqrt{1+(x/y)^2}\, dx = 2\pi \int_a^{a+h} r\, dx = 2\pi rh$$

である。

　具体的に計算すると，直径10mの球から幅10cmのスライスを切り出した場合，それに含まれる球の表面部分の面積はπ m^{2}となる。

　上の3次元空間での事実は，円を帯で覆う元の2次元の問題とはあまり関係ないように思えるのだが，驚いたことに次のように考えることで結びつくのだ。今，大広間の円形のペンキ染み全体を直径10mの半球のドームで覆ってみよう。例の拭き掃除機を1回動かすと，10cmの幅で床の白い染みが取り除かれる代わりに，その上にあるドーム部分にその汚れが付着するものとする。

　先の議論によると，汚れるドーム部分の面積は一定である。ドームは半球形だから，先の計算の半分の0.5π m^{2}だ。拭き掃除機を99回動かしても，ドームの汚れは，延べで49.5π m^{2}にしかならない。直径10mの半球の表面積は，簡単な計算でわかるように$2 \times \pi \times 5^2 = 50\pi$（m^2）だ。したがって，まったく重なりがなくとも，ドームの0.5π m^{2}には汚れが付着することはない。当然，その下の床部分のペンキ染みが拭われているはずはない。

第85話 距離100メートル隔たった兵士たち

　スペードの兵士たちは，今日もジャックの指揮の下，クローケーグラウンドでの軍事演習だ。ところが，厄介なことに，ハートの女王がそこをたまたま通りかかった。第50話「交差しない弾道」（『数学パズルの迷宮　パズルの国のアリス2』）のときもそうだが，この女王の気まぐれにはきりがない。今度もジャックを呼びつけて聞く。

「この兵士たちが狙いを外さずに確実に的に当てられる距離はどのくらいかの？」

「は，女王陛下，確実ということになると100mが限界かと存じます」

「それでは，兵士同士が互いに守りあえるように，互いに100mを超えて離れないように演習をしてみよ」

すぐに伝令が飛ぶと，エースと2と3のそれぞれが一辺100mの正三角形の頂点を占めるように位置を変えた。さらに，4が2と3とで別の正三角形を作るような位置につく。それを見ていた女王，「なるほどのう」といったんうなずいたが，「……いや，いや，いかん。あれでは，エースと4の距離が100mを超えてしまうではないか。どの2人も100m以内の距離になるようにせよ。そうじゃな，この際だから，その条件を守った上で距離がちょうど100mのペアがなるべくたくさんできるような配置を考えてみよ」。

この注文に，ジャックが頭をひねっていると，比較的近くで様子をうかがっていたエースが寄ってきて知恵をつける。「どうでしょう。やぐらを組むか地面を掘るかして，4人目を正四面体の頂点の位置におけば，4人で距離100mのペアが6組できますが……」。

それを聞いていた女王，「そちは，よくもまあそんな奇想天外なアイデアを思いつくものよ。じゃが，このグラウンドでそんなことをされてはかなわん。よいか。平面上の配置で考えよ。ユークリッド平面じゃぞ。それに2人以上が同じ位置につくというのももちろん駄目じゃ」。

こう釘を刺されてしまったスペードの兵士たち。さて，全員の10人では，女王の出した条件を守った上で距離100mのペアを最大で何組作れるだろうか？

25

第85話の解答

女王に「平面で考えよ」と指定されているので駄目だが，次元を上げてもよければ，すべてのペアの距離が100mになるように兵士を配置することが可能だ。例えば10人の兵士ならば9次元空間に配置することで，全部で（10×9）/2＝45組あるペアのすべての距離を100mにできる。ということは，（可能性としては）n人の兵士で距離100mのペアを$n(n-1)/2$組作り出せるかもしれない。問題は，2次元平面に配置する場合に，この数がどこまで減ってしまうかを定めることだ。

実は，$n \geqq 3$の場合，女王の条件を守ったn人の平面配置で距離100mのペアをn組作り出すことは容易だ。例えば，nが奇数の場合，正n角形の頂点をなすように各兵士を配置し，一番長い対角線を100mにしておけばよい。nが偶数の場合，正n角形の頂点に配置するというのはうまくいかないが，$n-1$は奇数だから，$n-1$人を先のように正$n-1$角形の頂点上に配置しておいて，最後の1人を一番離れた兵士からの距離が100mになるように配置すればよい。

この構成は，もっと一般的に議論することができる。つまり，n人の平面配置で距離100mのペアがn組できているとき，もう1人増やすことで，そのようなペアを$n+1$組に増やすことができる。これは簡単で，既に配置されているn人のうち誰でも1人を選び，そこからは100mで，他の$n-1$人からは100mを超えない位置に，新たに増やす1人を配置すればよい。厳密に言えば，そのような位置が存在することを証明する必要があるが，他の$n-1$人は相互に最大でも100mしか離れていないから，簡単にそのような位置は見つかる。

だが，逆にどの2人もせいぜい100mしか離れていないということが，1人増やして距離100mのペアを新たに2組以上作り出すことを不可能にしているのだ。結論を述べると，どの2人もせいぜい100mしか離れていないようにn人を平面上に配する場合，ちょうど100m離れているペアは，最大でn組しか存在できない。したがって，スペードの兵士10人ではそのようなペアは10組しか作れない。

そのことを証明するのに，まず，平面上に4点A，B，C，Dがあり，ABとCDの距離が100mとしよう。このとき他の組AC，AD，BC，BDがいずれも100m以下ならば線分ABとCDは交点を持つことに注意したい。この事実は，

直感的に明らかな気もするが，あえて証明するなら例えば次のような論法で可能
だ．点CもDも，AとBから100m以内の距離にあるので，A，Bを中心とす
る2つの円の内側，つまり下の図の青い領域（境界を含む）内にある．ところが
CDの距離も100mだから，CとDの両方が線分ABに対して同じ側にあるわけ
にはいかず，図のように互いに反対側にあるか，もしくはC，Dの一方がA
かBに一致していなければならない．いずれにせよCDとABは交点を持つ．

　さて，この事実を踏まえると，n人の平面配置では距離100mのペアがn組し
かできないことが次のように証明される．今，あるnについては，n人で距離
100mのペアが$n+1$組以上できたとし，そのようなnの最小値を考える．距離
100mのペアは$n+1$組以上あり，点はn個しかないのだから，3組以上に含ま
れる点が存在する．その点をPとし，Pから100m離れた点をA, B, Cとする．A,
B, C同士も最大100mしか離れることができないのだから，線分PA，PB，
PCのなす角度はせいぜい60°だ．そして，そのうちの1本（例えばPB）は他の
2本の間にあるということになる．このときBは，P以外のどの点とも距離で
100m離れることができない．なぜなら，BQが100mだとすると，先の事実より，
BQはPAとPCの両方と交点を持たねばならないが，これは不可能だからだ．

　したがって，いま考えている配置から点Bを除くと，点は$n-1$個になるが，
距離100mのペアはPBが失われるのみでn組以上が残る．これは，nを，$n+1$
組以上のペアができる最小値としたことに矛盾する．

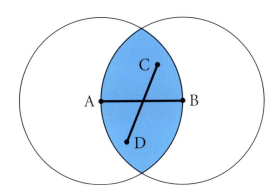

27

第86話 顔色をうかがい合うクラブ王室の面々

　不思議の国のトランプ王宮では，春を迎え，久しぶりに城内の内装を変えて気分を一新しようということになった。クラブ，ダイヤ，ハート，スペードの各王室ごとに集まってくつろげるように，それぞれが城内に1つずつ談話室を持っているのだが，今回はその模様替えの顛末だ。
　ハート王室のように，何でも独断で決めてしまうわがままな女王がいれば，か

えって事が簡単になる場合もあるのだが，クラブ王室では，談話室を華やかで明るい色に塗りたいという女王と，落ち着いた渋い色に塗りたいという王の間で意見が対立していた。それではと，ジャックの好みを聞いたところ，ジャックは王と女王の顔色をうかがいながら，あまり積極的でない様子で女王の意見にくみした。

なんとなく心許なく思ったクラブの王侯たち，このさい民主的に，兵士たちの好みも参考にしようということで，中立なアリスに頼んで兵士たちを順次談話室に呼び入れてもらい，意見を聴取することにした。しかし，兵士たちも，ジャックと同様にまったく定見というものがなく，自分の意見を求められたとき，その場にいた人の意見比率に応じて，その態度を決めた。つまり，自分が呼ばれたとき，女王派がn人，王派がm人いたとするなら，その兵士は$n/(n+m)$の確率で女王派になり，$m/(n+m)$の確率で王派になるというわけだ。

さて，10人いる兵士全員を呼び入れて，好みを聞き終わったとき，全員では13人だからそのときの多いほうの意見を採用することで，なんとか模様替えの方針は定まったのだが，ここで読者への問題である。王侯たちだけの段階では，女王派2人，王派1人という状況だったのだから，10人の兵士の意見が加わっても，女王派のほうが多くなりそうなのは間違いないが，最終的に女王派の人数は何人くらいになるだろうか，まずその期待値を求めていただきたい。次に，女王派と王派のどちらが多かったにせよ，多数派は少数派に何人くらいの差をつけて勝利したのだろうか，その期待値を求めていただきたい。

第86話の解答

この問題は「ポリアの壺」と呼ぶ有名な確率の問題を下敷きにしている。もとのポリアの壺の問題は次のような形で出題されることが多い。

> 壺に赤球がa個，白球がb個入っている。その中から球を1つ無作為に取り出し，その球の代わりに同じ色の球をc個壺に加える。この試行をn回繰り返す。n回目の試行の直前には，壺の中に$a+b+(n-1)(c-1)$個の球があることになるが，このn回目の試行で赤球を選ぶ確率を求めよ。

大学入試などでもときどき出題されることがある。読者には，クラブ談話室の模様替え問題がポリアの壺の$c=2$の場合と本質的に同じだということは，納得していただけるだろう。

さて，ポリアの壺の答えだが，実はnにもcにも依存せず，いつでも$a/(a+b)$になることに特徴がある。実際，$c=1$の場合が「復元抽出」というものになり，この場合は上の答えは明らかだろう。$c=0$の場合が「非復元抽出」というものになり，明らかと言ってよいかどうかはともかく，答えがいつでも$a/(a+b)$になることはよく知られている。くじ引きをするとき何番目に引こうと，当たる確率には影響しないということだ。

一般のcの場合を数学的帰納法などで厳密に解こうとすると，うまく考えないと比較的難題になってしまうかもしれない。参考のために，まずこの問題に帰納法による厳密な証明を与えておこう。1回目の試行では赤球を選ぶ確率が$a/(a+b)$になることは明らかだ。n回目の試行での上の確率が正しいとして，$n+1$回目を考える。最初の試行で，赤球を選ぶ確率は$a/(a+b)$であり，そのとき次の試行では赤球が$a+c-1$個，白球がb個になる。逆に白球を選ぶ確率は$b/(a+b)$であり，次の試行では赤球がa個，白球が$b+c-1$個になる。最初から数えて$n+1$回目の試行とは，この初回の試行が終わってから数えるとn回目の試行であり，これに数学的帰納法の仮定を適用すると，$n+1$回目に赤球が選ばれる確率は，最初に赤球が出た場合$(a+c-1)/(a+c-1+b)$であり，白球が出た場合$a/(a+b+c-1)$だ。よって，最初の段階から考えると$n+1$回目に赤が選ばれる確率は

$$\frac{a}{a+b} \cdot \frac{a+c-1}{a+c-1+b} + \frac{b}{a+b} \cdot \frac{a}{a+b+c-1} = \frac{a}{a+b}$$

となる。帰納法を適用する際に，初回の試行と後のn回の試行に分解することがポイントで，これを間違えると面倒なことになるだろう。

しかし，大学入試の解答ならば上のような証明が好まれるだろうが，うまく考えるとほとんど計算なしで同じ結論が得られる。それは，すべての球に番号を振っておき，各試行では選ばれた球の代わりに同じ番号の球をc個加えると考えることだ。最初はどの番号も1つずつなのだから，途中がどうあれ，n回目に2番が1番より高い確率で選ばれる理由はない。つまり，n回目に選ばれる番号はどれも等確率であり，その番号のうちa個が赤球，b個が白球なのだから，赤が選ばれる確率は$a/(a+b)$である。

このことを踏まえると，クラブ談話室の模様替えの最初の問題は，次のようにあっさり解けてしまう。10人の兵士のそれぞれが女王派になる確率は2/3である。よって期待値の加法性により，女王派になる兵士数の期待値は20/3である。これに最初から女王派だったジャックと女王自身を加え，女王派の人数の期待値は26/3≈8.667である。

次の問題は，女王派と王派の人数によって分類し，さらに精密に確率を計算しないといけないと思われた読者がおられたかもしれない。確かにそういう計算をすることも難しくはない。最終的な女王派と王派の人数の分布は，兵士全員が女王派になる12-1から全員王派になる2-11まであり得るが，この11通りのパターンの起こりやすさは順に$11:10:\cdots:2:1$の比率になる。計算に自信のある読者は確かめられたい。したがって，求める期待値は，多数派と少数派の差の重みつき平均を計算して

$$\frac{11 \cdot |12-1| + 10 \cdot |11-2| + \cdots + 2 \cdot |3-10| + 1 \cdot |2-11|}{11 + 10 + \cdots + 2 + 1} = 6$$

である。

ところが，この問題にも，もっと簡便な考え方がある。まず，ジャックが女王派だと述べたが，仮にジャックが王派だったとしても，この問題は対称的なので

答えが変わらないことに気がつく。ということは，ジャックも兵士の1人と考えれば，最初に赤球と白球が1つずつのポリアの壺で$c = 2$，$n = 11$の場合を考えているのと同じことになる。この場合，女王派と王派の分布は12-1から1-12まであり得ることになるが，実はあとで述べるようにその起こりやすさはどれも均等である。したがって問題の期待値は

$$\frac{|12-1| + |11-2| + \cdots + |2-11| + |1-12|}{12} = 6$$

としてさらに簡単に計算できる。

　上の場合の各分布の起こりやすさは均等と述べた。そのことはもちろん帰納法でも確認できるが，次のように考えるほうがうまいようだ。まず，クラブのクイーンとジョーカーとクラブのキングのカードを用意し，この順に上から並べる。そして残りのクラブのカード11枚をクイーンとキングの間のどこかに順次差し込む。このとき各カードを差し込む位置は等確率で選び，ジョーカーより上のカードは女王派になり，下のカードは王派になると考えると，クラブ談話室での意見聴取の状況が再現される。この結果，どの段階でもキングとクイーンを除くカードが位置が完全に一様ランダムになることは納得していただけよう。当然，最終的なジョーカーの位置も一様で，どこにあるかは等確率だ。

　ところで，この2つの問題の結論は，多くの人の意表をつくようである。試行回数が多くなるにつれ女王派がどんどん増え，最後のほうでは王派になることがほとんどなくなると考える人が多いようなのだ。読者はいかがだろうか？

第87話 毎日意見を変えるダイヤの兵士たち

　第86話ではクラブの談話室の模様替えの様子を述べた。クラブ王室では、ジャックも10人の兵士たちも自分の明確な意見を持たなかったために、変に確率的なプロセスを経て、模様替え方針が定まった。それに似ているようだが、ある意味でもっと厄介ともいえる事態がダイヤ王室では生じていた。今回は、そのダイヤ王室で起こった談話室模様替えのあらましについて紹介しよう。

　ダイヤの談話室の模様替えにも2つの案があった。ダイヤの王侯たちは民主的

で，まず兵士たちの意見を聞いてから決めようということで，どちらがいいか最初に全員の意見を聞いた。その時点でそれに王侯たちの意見を加えてさっさと決めればよかったのだが，ダイヤ王室は　妙に慎重なところがあり，少しほうっておけば意見が集約するのではないかと期待して，最終決定を数日後に延ばし，それまで兵士どうしでよく相談するようにと言い渡した。

「ふーむ，それでどうなりましたかな，ダイヤの女王陛下？」と，その話を聞いたハートの女王が尋ねる。

「それがですね，ハートの陛下，ちっとも意見が集約しないのです」とダイヤの女王。「兵士どうしで相談するようにと，わらわは申し渡したのですが，兵士の間にも，互いにうまが合ってよく話し合う関係と，まったく話をしない関係というのがあるようです。それはまあよくある話なのですが，困ったことには，兵士どもは友達思いというか，移り気というか，ともかく友達の意見に影響されやすいのです」。

「奇妙なことに，どの兵士も，よく話をする友達の数は奇数名らしいのですが，ある日にその奇数人の友達と話をして，一方の案への賛成者のほうが多いようなら，翌日は自分の意見をその多いほうの案へ変えているようなのです。つまり，兵士たちが毎日のように意見を変えるものですから……」

「兵士たちの友達関係はいつも一定で，その友達とは毎日意見を交換するのですか？」

「はあ，そのようです。どこかに集約するだろうと思っていたのですが，いつまでたっても……」

「ほれ，御覧なさい，ダイヤの陛下。民主的にやろうなんて考えると，ろくなことはありません。その2つの案とはこのA案とB案ですか？　ふーむ，それならA案がよろしい。是非，A案になさい。こういうことは，ご自分の好きなように決めるのが手っ取り早いのですよ。陛下」

ということで，民主的にやろうとしたばかりに，かえってハートの女王の好みを押し付けられてしまったダイヤ王室であるが，読者にはこのあたりで問題を考えていただこう。

兵士の意見の変え方がダイヤの女王の言うとおりだとすると，確かにいつまでたっても意見が集約しないことはありうる。例えば，兵士が2人だけの仲良しペ

34

アを作っているなら，そのペアは，最初に意見が一致していればいつまでも意見を変えないが，最初の意見が不一致なら1日ごとに意見を変えることになる。また，例えば，エースは全員と話をするが，他の9人は互いにまったく話をしない場合，最初にエースの意見が他の9人の多数派の意見と同じならば意見はすぐ集約するが，そうでないと2日目にエースと他の9人が反対意見になり，以後は全員が1日ごとに意見を変えることになる。

さて，考えていただきたいのは，ダイヤの女王の言葉が正しい場合，明らかに意見の変遷は決定論的なプロセスに従う。意見の分布は有限種類しかないから，どこかで周期的になり同じパターンを繰り返すことになるが，そのときの周期がいくつになるだろうかということだ。上で述べた例の場合，周期は2または1だったが，それより長い周期で繰り返すことがあるだろうか？

第87話の解答

そのほうがわかりやすそうだから，例を挙げて説明しよう。例えば，ダイヤの兵士たちの友達関係は次ページの図 α のようだったとしよう。グラフの各点はダイヤの兵士たちを表し，2つの点の間の線分がよく話し合う友達関係を表すとする。当面，線分の上の矢印は無視していただきたい。兵士たちの名前（エースは1と表示した）の右の括弧の中にその時の兵士が最初にA案とB案のどちらを支持したかを示した。例えば，2と6は，よく話をする関係で2人とも最初はB案の支持者だったというわけだ。

ダイヤの女王の言葉通りなら，翌日になると，兵士たちは図 β のように意見を変える。例えば，6は友達の1と2と7のうち，過半数の2人がA派なのでA派になり，10はただ1人の友達の5がB派なのでB派のままである。こうして，兵士たちは毎日のように意見を変え，その変遷は $\alpha \to \beta \to \gamma \to \delta$ となるが，実は β と δ はまったく同じだから，この後は γ と β （＝ δ）の状態を1日おきに繰り返すことになり，もちろんその周期は2だ。

変遷は決定論的だから，問題で述べたように状態がある周期で繰り返すようになることは間違いないのだが，実はこの周期は1か2しかありえないのである。

35

そのことを示すのはやや難しいが，そのために線分につけた矢印が役に立つ。例えば図αの7から2へ向かう矢印だが，これは初日に7がA派だったにもかかわらず，その友達の2が2日目にA派にならないことを意味する。つまり7の影響が2には及ばないということだ。互いに影響し合えず1つの線分に2つ矢印がつくこともある。こうして図αには全部で7つの矢印がある。他の図の矢印も同様で，その日の意見分布が翌日の意見分布にどう影響したかを示している。

さて，注目すべきはこの矢印の個数である。ある日に例えばエースがA案支持であり，エースからちょうどm個の矢印が出ているとしよう。つまり，翌日は，

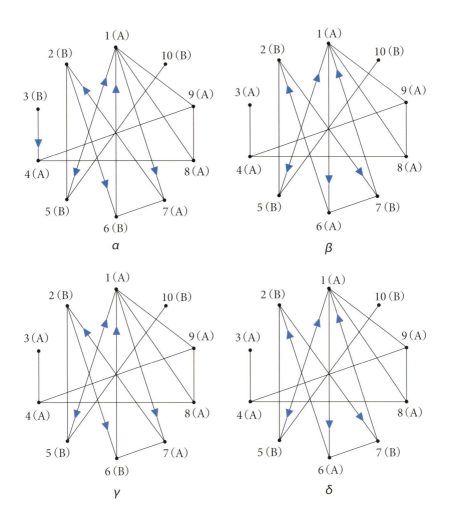

エースの友達のうちm人がB案支持で，残りの友達はA案支持だということだ。もし，エースが翌々日にもA案支持だったとすれば，B案支持の友達たちの翌日の意見はエースに影響を与えなかったわけだから，翌日にはエースへ向かう矢印がちょうどm個出ていることになる。逆に，エースが翌々日にB案支持に変わったとすれば，エースの友達の範囲ではB案派が翌日は過半数だったわけであり，翌日のエースへ向かう矢印はm個未満ということになる。

　いま述べた矢印の数に関する観測は，エースがB案支持であっても成り立つし，またエース以外のどの兵士をとっても成り立つことに注意していただきたい。したがって，どの兵士をとっても，ある日にその兵士から出ている矢印の数が，翌日にその兵士へ向かう矢印の数より少なくなることはない。ところが，どの矢印も出入り口は1つずつしかないのだから，このことは図全体で，ある日の矢印の総数が翌日の矢印の総数より少なくなることがないことを意味している。よって，日がたつにつれて，矢印の数は次第に減っていき，ある日以降は一定になる。こうなってからは，すべての矢印は毎日向きを反転し，線分の両端の兵士の意見を考えると，（矢印のあるなしにかかわらず）1日おきに同じになることがわかる。

　ある日の自分の意見は友達を介して2日後に自分に返ってくると考えれば，これは意外な結論ではないが，厳密に証明するのは上記のようにいささか厄介で工夫を要するようだ。

第88話 トランプ王室 晩餐会の席順

　第74話と第75話（『数学パズルの迷宮　パズルの国のアリス2』）で述べたトランプ王国の晩餐会がまた開かれたので，再びお付き合い願いたい。

　晩餐会の会場は，このところいつも三月ウサギの家の前の木陰で，いつ果てるとも知れぬお茶会を催している3人組から会場を奪って行うというのが恒例になってきている。2つの席の間にナプキンが置かれていて，普段だと自分の両側の先客にナプキンをそれぞれ奪われ，ナプキンにあぶれるものが必ず出る。第8話「給仕長・帽子屋のたくらみ」（『パズルの国のアリス　美しくも難解な数学パズルの物語』）では，会場を奪われた腹いせに帽子屋が着席順を画策して，犠牲者が増えるようにしたという話を紹介した。

　今回は特別ゲストとしてアリスも招かれ，アリスがお礼にと「全員自分の右側のナプキンを取るようにするとよい」と進言したところ，王侯たちをはじめ皆，「なんとすばらしいアイデアだ」と感心されることしきりである。おかげで三月ウサギや帽子屋に意地悪をされる心配も消え，和やかに進むかと思えたのだが，そうは順調にいかないのがこの晩餐会だ。会は何晩か連続で開くことが多いのだが，2晩目に問題が発生した。トラブルメーカーとなったのは，読者も予想の通り，ハートの女王である。

　ハートの女王の言い分によれば，「昨晩は自分から7席右にダイヤの6が座っていたのだが，今晩もまた同じだ。せっかくこうして懇親のために会を設けているのだから，それはけしからん。どの2人の位置関係も前の晩とは違っていなければならん」というわけだ。言い出すとあとへは引かないハートの女王のこと，早速，前の晩の席順を調べ，今晩はどういう順に座るのがよいかをアリスとスペードのエースが中心になって計画した。

　読者の皆さんには，アリスとスペードのエースを助けて，2晩目の席次表を作

38

っていただきたい。考えやすいように，最初の晩は，アリスから右にスペードのエース，2から10，ジャック，女王，王の順に，あとは同じ順にハート，ダイヤ，クラブと並んでアリスに戻ってくるような席順だったとしよう。念のために申し添えておくが，ハートの女王の考えによると，2人を隔てる席数が同じであっても左右が異なっていれば，位置関係は異なるということだ。

　2晩目の席順がうまく決められたら，3晩目はどうだろうか？　もちろん，どの2人も1晩目，2晩目のどちらとも異なる位置関係に座らねばならない。

　この晩餐会の成功に気をよくしたハートの女王，今度はトランプ王宮内の一室でハートだけの連続晩餐会を計画した。出席者はハートの王侯と兵士たちにアリスを加えた14人。同様な円卓を囲む席次表を2〜3晩分作るようにアリスに依頼したが，さてこの計画どうなるだろうか？

第88話の解答

2晩目に関する最初の問題は，気がつきさえすれば非常に簡単な解がある。客同士の位置関係は，隔たりが同じでも左右が異なれば違うと考えるのだから，2晩目は単に逆順に座ればよい。全人数が偶数の場合は，逆順に座っても対面同士は同じ位置関係になってしまうが，53人は奇数だから同じ位置関係の客2人が生じるおそれはない。

しかし3晩目は，客が53人もいるので，やみくもにやろうとするとかなり面倒だろう。53人から2人を選び出す組合せの数は（53×52）/2＝1378組もあるので，各ペアについて前2晩とは位置関係が異なっているということを確認するだけでも大仕事だ。

この種のことは，当然だが，システマティックにやるのが一番だ。まず，考慮しなければならないのは各客の位置関係だけだから，全員を一律に左右にずらしても構わない。そこで，例えばアリスはいつも同じ座席に着席すると考えることができる。その席を0番とし，それから右へ1番，2番と進め，ぐるりと52番まで数えて，アリスの席に戻ってくるとする。ここまでで，勘のよい読者はもう解の構成がおわかりであろう。各席は53で割ったときの余りの数値を考えればよい。座席の位置関係についてもそうである。

ここからは，各客がk晩目に座る座席を一気に指定してしまうほうが簡単だろう。最初の晩にi番目の座席に座った客がk晩目に座る座席をikとする。ikは53を超えていることもあろうが，その場合はもちろんそれを53で割った余りの数値が指定する座席に座る。

まず，k晩目の指定が正しい座席指定になっているかを考えよう。つまり，それによって2人が同じ座席に割り当てられることがないことの確認だが，幸い53が素数なので，$k＝1, 2, \cdots, 52$についてはその心配はない。よく知られているように，もし$ik \equiv jk \pmod{53}$ならば，$i \equiv j \pmod{53}$であることが示されるからだ〔$a \equiv b \pmod{x}$は，aおよびbをxで割ったときの余りの数が等しいことを示す〕。

次に，ある2晩kとk'で2人の座席の位置関係が同じになることがあるかだが，そういうことがある場合，その2人の最初の晩の席をiとjとするなら，$ik - jk \equiv ik' - jk' \pmod{53}$が成り立ち，$k \equiv k' \pmod{53}$が導かれる。だから，1晩

40

目から52晩目までは，ハートの女王の要求を満たしたまま，晩餐会を続けられるということになる。実際，最初の解で示した逆順に並ぶというのは，上の解構成での52晩目の座席順にほかならない。

最後に14人での晩餐会を考えよう。14は素数でないから，上のような解の構成はできない。実際，最初に座席 i に座った人を翌日 ik に座らせようとすると，$i=7$ の場合にうまくいかない。k が偶数の場合，アリスと座席がぶつかってしまうし，k が奇数の場合でも，$7k \equiv 7 \pmod{14}$ だから，アリスとの位置関係は対面同士のまま変わっていないことになる。というわけで，他のやり方で客をうまく配置できるかいろいろと試してみると，どうしてもどれか1組くらいのペアは初日と同じ位置関係になってしまい，うまくいかない。どうしてだろうか？

実は，これは14人に限ったことではなく，偶数人の場合には避けられないのだ。それを証明しよう。今，客数を $2n$ とし，初日に座席 i に座った人の翌日の座席番号を $\sigma(i)$ としよう。もしどのペアも初日と2日目の位置関係が異なるとしたら，異なる i と j については $i-j \not\equiv \sigma(i)-\sigma(j) \pmod{2n}$ だ。つまり $i-\sigma(i) \not\equiv j-\sigma(j)$ $\pmod{2n}$ だが，これは $0-\sigma(0)$，$1-\sigma(1)$，$\cdots$，$(2n-1)-\sigma(2n-1)$ を $2n$ で割った結果の余りがすべて異なるということで，余りには 0 から $2n-1$ が1回ずつ出てくるということに他ならない。そこでこれらの総和を考えると，

$$\sum_{i=0}^{2n-1}(i-\sigma(i)) \equiv \sum_{i=0}^{2n-1} i \pmod{2n}$$

である。ところが $\sigma(0)$，$\sigma(1)$，$\cdots$，$\sigma(2n-1)$ にも 0 から $2n-1$ が1回ずつ出てくるのだから，

$$\text{左辺} = \sum_{i=0}^{2n-1} i - \sum_{i=0}^{2n-1} \sigma(i) = 0 \qquad \text{右辺} = \sum_{i=0}^{2n-1} i = n(2n-1) \equiv n \pmod{2n}$$

となり，矛盾する。

こうして人数が偶数の場合は，ハートの女王の要求を満たすような晩餐会を連夜開催することは不可能だと示された。また，人数が奇素数 p の場合，先と同様な議論により $p-1$ 夜連続で開催することが可能だとわかる。人数が奇数の合成数の場合は，初日と逆順にすることで2晩目まではOKだが，連続で何夜まで開催可能だろうか？　この問題の検討は読者におまかせしよう。

第89話 ビリヤード名人対グリフォン

　鏡の国をビリヤードの名人が訪問中で，簡単なショーをやるという。第67話「不思議の国のビリヤード」（『数学パズルの迷宮　パズルの国のアリス2』）で，ハートの女王から公爵夫人にビリヤードへの招待が来て，アリスがそれに同行したときの話をした。鏡の国でもビリヤードは人気のある娯楽だが，不思議の国とは違い，フラミンゴのキューでハリネズミのボールを突くということはない。普通のボールとキューを使うのだが，違うのは，ビリヤード台が精確この上ない長方形をしており，ボールも完全な球形をしているということだ。どちらも白騎士が丹精を込めて製作したもので，実は，今回ビリヤードの名人が訪問しているのも，そのような完璧な台とボールが鏡の国にあると聞いて，自分の腕の見せ所を求めてのことだった。噂を聞いて，アリスはもちろん，不思議の国からもグリフォンやチェシャ猫が見学に来ていた。

　ホストの白の王様が，赤と白のビリヤードボールを1つずつ取り出した。さらに観衆から協力者を募ると，チェシャ猫の首から上だけがフワッと出現し「面白そうだから，俺が手伝ってやるぜ」。

　王は度肝を抜かれたようだが，咳払いでごまかして，「よろしい，ではビリヤード台の好きな位置にこの2個のボールを置いてもらおう」。

　すると次にはチェシャ猫の右手と左手が現れ赤白のボールを1つずつつかんで台の上の離れた場所に置く。どうやら，台やボールの完璧さのデモンストレーションと名人の腕前の披露を兼ねて，一方のボールを突いて何回かのクッションの後で他方に当てさせようという趣向らしい。

　それだけではつまらないと思ったのか，今度は正8面体サイコロをチェシャ猫に振るように言う。チェシャ猫は「面倒くさいな」と言いながらも，新たに登場させた尻尾で器用にサイコロを振ると7の目が出た。白の王が「これでよろしい

かな」というふうに目で名人に合図すると,名人はうなずき大袈裟な素振りで白い手球を狙ってキューを構えた。一見まるで見当違いの方に球を突きだすと,白いボールはクッションに当たって台上を行ったり来たりしながら,ちょうど7回クッションに当たったあと,赤い的球に吸い込まれるようにぶつかっていった。観客からはやんやの喝采である。

　サイコロの目（クッションに当たる回数）が何であっても,こういうことができるのかと聞かれた名人は,「さよう。白騎士殿の作られた台とボールが完璧で,クッションするときの入射角と反射角が等しく,ボールのスピードはほとんど落ちませんからな。うまく狙いさえすれば,まず失敗はありません。ああ,ボールに大きさがあるので,あるコースで狙ったときに的球に近づきすぎてどうしても指定回数より前にぶつかってしまうことがありますね。……そういう場合でも,2つのボールをもっと小さいものに替えてもらえば大丈夫ですが」。

この辺で，読者にはウォーミングアップをしていただこう。バカにするなと怒られそうであるが，まず1クッションで的球に手球を当てたい場合に，どこを狙えばよいかについて考えていただきたい。2つのボールが特殊な位置関係でない限り，通常1クッションで手球を的球に当てるコース（方角）の選び方は4通りありうる。一般にnクッションで当てたい場合，そのコースの選び方は最大で何通りまでありうるだろうか。

先の名人の言葉を聞いていたグリフォンが聞いた。「すると，2つのボールが十分に小さい場合，同じように小さいボールがいくつか障害物として台上に置いてあっても，それを避けて的球に当てることができますか？」

「その障害物ボールも十分小さくしてよいなら，おそらく問題なく可能と思います」

「では，台上のこれらの点に障害物を置くことにしたいのですが，あなたならこれらを避けて的球に当てることが可能ですね」と言って，グリフォンは10数個の点を示した。驚いたことに，どんなに手球，的球，障害物を小さくしようとどんなにクッション回数を増やそうと，障害物を避けて的に当てることは名人にもできなかったのだが，グリフォンはどうやってこの障害物位置を見つけたのだろうか？　これが最後の問題だ。このビリヤード名人は，寸分違わず狙った位置を目がけてボールを突くことはできるが，ボールに回転を与えコースを曲げるなどの特殊ショットは得意でない。

第89話の解答

最初の問題は，右のようにビリヤード台の各クッション（黒い太線）を鏡に見立て，的球（赤の点）の鏡像（緑の点）に向けて手球（黒の点）を突くと，点線で示したようなコースをたどって，1クッションで手球は的球に当たる。

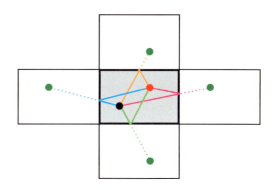

的球に当たるまでのクッション回数を増やしたい場合，鏡映の鏡映を作ってそこに向けて手球を突けばよい。例えば，2クッションならば，右のように鏡の壁を2つ超えた先にある的を狙えばよい。

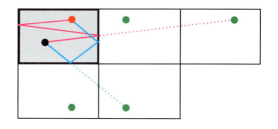

一般にnクッションさせたいときはn回鏡映をさせたのちの像を狙えばよい。例えば3クッションの場合，それらの像は無限に展開された鏡の中では，右図の青色マスの中にあるから，標的としては12個がありうる。

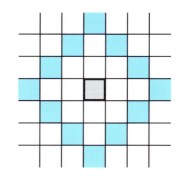

一般にnクッションしてから的に当てたい場合，狙うべき鏡映像が最大$4n$通りありうることは容易にわかるだろう。

最後のグリフォンの問題は難問だろう。ボールや障害物は任意に小さくしてよいということだから，事実上点と考えねばならない。それでも，クッション回数が少ないうちは，鏡像を狙う各コースの途中に障害物を置けばその狙いを阻止す

ることができる。だがクッション回数を増やすことを許すと，狙い筋もどんどん増える。例えば3クッション以内で当てるには$1+4+8+12=25$コースもの狙い筋があり，そのことごとくに障害物を置こうとすれば，当然25個の障害が必要になる。したがってグリフォンの戦略のツボは，1つの障害で複数の狙い筋を邪魔することである。例えば，1クッション以内で当てられることを阻止するには，下のように障害物（青の点）を3つ置けば$1+4=5$個ある狙い筋のすべてを邪魔できる。

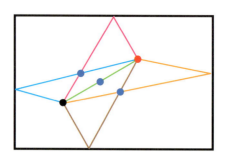

　そこで考えるべきことは，無限個ある鏡像への狙い筋すべてを邪魔できるような障害物の位置が有限個に絞れるだろうかということだ。

　ここからは，図だけで考えるのは骨が折れるので，座標幾何と代数に登場願おう。ビリヤード台の左下隅を原点とし，下辺のクッションをx軸，左辺のクッションをy軸とする直交座標を導入する。また，どちらの方向もビリヤード台の1辺の長さを1として，的球の座標を(a, b)とする。もちろん$0 \leq a \leq 1$, $0 \leq b \leq 1$である。このとき的球の鏡像たちの座標はどうなるだろうか？　ちょっと考えればわかるが，左右上下の隣りの鏡像の座標は$(-a, b)$, $(2-a, b)$, $(a, 2-b)$, $(a, -b)$である。他の鏡像たちについても次々に考えていけば，その座標は$(2m \pm a, 2n \pm b)$の形（mとnは任意の整数）であることがわかる。さて手球の座標を(x, y)とすると，これと鏡像とを結んだ線分の途中に障害物があれば，その狙い筋を阻止できるが，確実にその線分の途中にあると言える点がある。線分の中点だ。(x, y)と$(2m \pm a, 2n \pm b)$とを結ぶ線分の中点の座標は，$(m+(x \pm a)/2, n+(y \pm b)/2)$である。これらの点はビリヤード台の外にあるかもしれないので，もちろんそこに障害物を置こうというのではない。それら

の点を鏡像に持つようなビリヤード台上の点に障害物を置くのだ。先と同様に考えると，座標が $(m+(x \pm a)/2,\ n+(y \pm b)/2)$ という形の点の鏡像は座標が $(r \pm x/2 \pm a/2,\ s \pm y/2 \pm b/2)$ という形（$r,\ s$ は整数）の点だけだとわかる。すなわち，これらのうち $[0,\ 1] \times [0,\ 1]$ に属する座標だけに障害物を置けばすべての狙い筋を阻止することができる。結局，選ぶのは $x,\ a,\ y,\ b$ の正負の符号だけであり，r と s は 0 か 1 かであるが，$x,\ a,\ y,\ b$ の符号が決まればどちらかに自動的に決まるので，障害物を置かねばならない場所は $2^4 = 16$ カ所だけだということになる。読者は，具体的な $a,\ b,\ x,\ y$ の値について，障害物を置くべき 16 カ所を計算し，それがどの鏡像に対する狙い筋も消していることを確認してほしい。

　的球の鏡像と手球を結ぶ線分上の点は無数にあるから，上の証明のように特に中点を選ぶ必要はない。しかし，他の点を選んで，より少ない数の障害物ですべての狙い筋を阻止することは難しいように思う。

第90話の解答

　最初の問題だが，これは通常の非復元抽出と似ている。それだったら，第86話「顔色をうかがい合うクラブ王室の面々」への解答で触れたポリアの壺で，赤球と白球とがともに5個ずつで取り出した球を戻さない場合と同じだから，そこで述べたように何回目に勝負しようとアリスの勝率は$5/(5+5)=1/2$だ。微妙に違うような気がするのは，アリスは何回目に勝負するかを事前に決めるのではなく，何枚かをめくった結果を見てから決めてよいことだ。確かにアリスの賭け方の自由度が上がる分だけ，勝率が上がってもよい。

　ところが，アリスがどんな戦略を用いても，勝率が1/2より大きくなることはないというのがこの問題への答えだ。まだ裏向きのまま残っているカードの枚数に関する数学的帰納法によりこの事実を証明することも難しくはないが，このコラムの種本に使っている『とっておきの数学パズル』（日本評論社）にある証明が極めてエレガントなのでそれを紹介しよう。

　アリスが用いる戦略をSとしよう。さて，その戦略Sをそのままで次のように少し変形したゲームに採用することにする。勝負のやり方はまったく同じだが，当てるのは，次のカードではなく一番下のカードの色で，それが赤ならばアリスの勝ち，青ならばマハラジャの勝ちというものだ。アリスの戦略Sがどういうものであろうと，この変形したゲームに適用した場合と，元のゲームに適用した場合とで，勝率がまったく変わらないことがおわかりだろうか。戦略Sを用いた結果，アリスがいつ「ストップ」をかけることになろうと，その時点で裏向きのまま残っている赤カードの枚数をr，青カードの枚数をbとすると，次のカードが赤である確率は$r/(r+b)$だ。では一番下のカードが赤である確率はどうかというと，これも言うまでもなく$r/(r+b)$だからだ。

　したがって，アリスの戦略をこの2種類のゲームに用いた結果の勝率は等しい。ところで，そもそも2番目の変形ゲームでのアリスの勝率はどうかというと，戦略Sがどういうものであろうと，勝負を決めるのは一番下のカードの色だから，それが赤である確率，つまり$5/(5+5)=1/2$だ。というわけで，いつ勝負するかを決められるというアリスに与えられた自由度は，なんら勝利に貢献しないことがわかる。

次の問題は，アリスが最初に考えた戦略に従ったあげく最後の1枚になり，負けるとわかっているのにいやいやそれで勝負しなければならない場合の確率だが，実はこれは，第82話への解答（8ページ）で述べたカタラン数の復習にすぎない。カードの赤青の並び順は$_{10}C_5$通りある。そのうち，上から順にめくっていったとき，途中での青の枚数が赤を超えることがない並び方の総数はカタラン数Cat(5)というもので与えられる。詳しくは第82話の解答をご覧いただきたいが，そこで述べたようにCat(5)＝$_{10}C_5$/6だから，求める確率はCat(5)/$_{10}C_5$＝1/6である。一般にカード枚数が赤青それぞれn枚の場合，この確率は1/(n＋1）だ。前の問題と併せて考えると，途中で「ストップ」をかけられればアリスが若干有利なはずなのだが，この分があるので，結局，その有利さは相殺されて勝率は1/2になってしまうということだ。

　最後の問題のゲームがアリスに有利だということは誰でも認めるであろう。例えばアリスは片方の色のカードが全部出尽くして，残りが1色になるまでは何も賭けずにいて，そうなってからは毎回全チップを残った1色に賭ければいい。少なくとも最後の1回の賭けには勝つことができるし，運よく早めに片方の色のカードが出尽くせばもっと儲けられる。仮に最初の5枚がすべて赤だったら，あとは青に賭け続けることで元手を2^5＝32倍に増やすことができる。まず，こういう賭け方をした場合の期待値を求めてみよう。ある時点で赤カードが全部出尽くして青カードがn枚残ったとする。そのときのカードの積まれ方は，下から青がn枚，その上に赤，さらにその上のカード9－n枚はどういう順でもよいが赤が4枚含まれていることになる。したがって，そのようなカードの積み方の総数は$_{9-n}C_4$であり，そのときのアリスの収益は2^nである。また青が最後に残るカードの積み方の総数は明らかに$_9C_4$だから，この場合のアリスの収益の期待値はnを1から5まで変化させて

$$\frac{_8C_4 \times 2 + {_7C_4} \times 2^2 + {_6C_4} \times 2^3 + {_5C_4} \times 2^4 + {_4C_4} \times 2^5}{_9C_4} = \frac{512}{126} \approx 4.06$$

である。最後のカードが赤の場合も同じだ。実は，これがグリフォンの言葉の根拠で，このゲームでアリスの収益は，普通，元手の4.06倍くらいが見込まれるのだ。いま考えた賭け方は，決して元手が減ることがないという意味で，安全な

賭け方ではあるが，もっと乱暴な賭け方をしても，期待値としては同じ収益が見込める。極端なのは，最初にカードの順番を完全に予測してしまい，いつも全額をその予測通りに賭けるという方法だ。例えば最初5回は青に全チップを賭け，残り5回は赤に全部を賭けるというのでもよい。こんな賭け方をすると，10回とも当たる確率は$1/_{10}C_5 = 1/252$で，それ以外の場合は元手を完全にすってしまうことになるが，当たったときの収益が元手の$2^{10} = 1024$倍にもなるから，期待値は$1024/252 \approx 4.06$で先の安全な方法と変わらないのだ。

　だが，このどちらにしても，確実に4倍以上の収益をあげる方法ではない。先に述べた安全な方法では，運がよいと32倍になるが，126回中$_8C_4 = 70$回くらいは収益が2倍で我慢しなければならない。

　グリフォンの言うように，確実にこの期待値通りの収益を実現する方法があるのだろうか。実は，意外に簡単なやり方でそれが可能なのだ。それは，部下がたくさんいると考え，その部下たちに，それぞれ先の1点賭けをさせることだ。赤カード5枚と青カード5枚の並べ方は$_{10}C_5 = 252$通りあるから，まず，銀貨を252枚のチップに交換してもらう。そして，252人の部下にチップを1枚ずつ渡して，それぞれのパターンに1点賭けをさせる。その結果，部下のうち251人はスッテンテンになるが，1人はチップを1024枚に増やしているはずだ。

　具体的に少しやってみよう。最初のカードは，赤のパターンが$_9C_4 = 126$通り，青のパターンも126通りあるから，赤に賭ける部下が126人，青に賭ける部下が126人である。その結果，チップを失う部下と倍にする部下が同数いるので勝負の結果の全体枚数は変わらない。つまり何も賭けなかったのと同じなので最初は賭けないでおこう。

　最初に赤が出たとしよう。126通りのうち，次のカードも赤のパターンは$_8C_3 = 56$通りあり，次が青のパターンは$_8C_4 = 70$通りある。したがって，次には56人の部下が赤に2枚賭け，70人の部下が青に2枚賭けることになる。この結果，青が出ればチップは28枚増え，赤が出れば28枚減ることになるので，同じ結果をもたらすには青に28枚を賭ければよい。以下，同様に賭けを繰り返す。一般には，n枚がめくられたあと，赤がr枚，青がb枚裏向きで残っていた場合，$r > b$なら（$_{r+b-1}C_b - _{r+b-1}C_r$）$2^n$枚を赤に賭けることになる。$r = b$なら，何も賭けなくてよいし，$r < b$なら同様の枚数を青に賭ける。この結果が，たくさん

の部下を使って各パターンにいつも全額を賭けていくのと同じになることを読者は確かめられたい。こうして252枚のチップはゲームの終わりには，いつでも1024枚に変わり，アリスに4倍強の収益をもたらす。

参考までに，最初に252枚のチップを持って，この賭け方でゲームを進めると，所持チップの枚数がどのように変化していくかを下図に示す。右向きの矢印は赤カードが出たときの変化を示し，下向きの矢印は青カードが出たときの変化を示す。各状態でどちらに何枚を賭けるかは，枚数の変化を見ればわかるだろう。左上の252枚の状態から始めると，カードの出方がどうであろうと，右下の1024枚の状態に達してゲームは終了する。

最後に，チップとの交換レートであるが，銀貨1枚をチップ252枚と交換し，上のように賭ければよいが，（下の図からもわかるように）少し考えるとその場合に賭ける枚数がいつも4の倍数になることがわかる。だから，交換レートを1/4の63枚にしてもこの賭け方は実現できる。

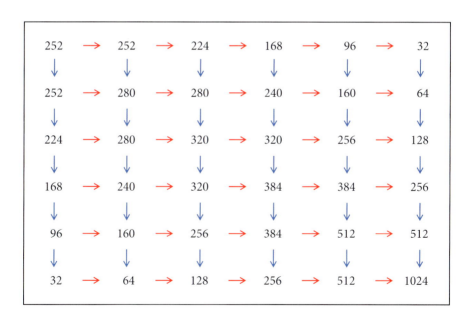

第91話 鏡の国も異常気象

　今年の鏡の国の晩夏は，ひどく暑い日があったかと思えば，翌日は極端に涼しくなったりして，まったく予報ができそうもない異常気象だ。チェス王室の庭に自生している口をきく花たちも，いつ咲いてよいかで戸惑っているようだ。

　今朝咲いたばかりのオニユリが言う。「やっと涼しくなってきたなと思って咲いたのに，何であんたがまだ咲いているのよ，ヒマワリさん？」

　「え，そんなの当然でしょ」とヒマワリ。「この5日間の最高気温の平均値をとると25度を超えているもの。あんたなんか，まだお呼びじゃないわよ」。

　「うそでしょ。あたしたちオニユリは，連続する7日間の最高気温の平均値が

25度を下回ったら咲くことにしているのよ。今年は気候が不順のようだから，すぐに咲くのはやめていたんだけど，直近7日間の平均値が25度未満というのが昨日でもう4日連続で続いているのよ」

「そんなはずはないわ」とヒマワリ。「だって，このところ5日間の最高気温の平均値はずっと25度を超えているもの。あたしたちはそれが25度以下にならない限り咲き続けることにしてるのよ」。

これでは水掛け論である。仕方がないので，アリスに頼んで鏡の国の気象庁に連絡して調べてもらったところ，驚いたことにこの両者の言い分はどちらも正しいことがわかった。つまり，最近10日間の最高気温の記録を見ると，確かに連続する7日間の平均が25度未満というのが4回続いていた。その一方，連続する5日間で見ると平均はずっと25度を超えていたという。

そこで読者への最初の問題である。こういう状況が生じるとしたら，いったい10日間の最高気温記録はどういうものであったろうか？ さらに条件を付けると，気温はすべて整数値で記録されており，25度を超えた夏日の最高気温はいずれも同じa度であった。逆に夏日にならなかった日の最高気温も一定でb度だったという。aとbの差をなるべく小さくして，このような例を作ってほしい。

次の問題は，このような状況がさらにもう1日続くことはありえないことを証明することである。つまり，11日間の最高気温記録で，連続する7日間の平均が25度未満というのが5回続いていて，連続する5日間で見ると平均はずっと25度を超えているような記録は存在しえないということを証明していただきたい。

第91話の解答

　最初の問題だが，例えば記録された10日間の最高気温を順に30，18，30，18，30，30，18，30，18，30度とすると，連続する7日間の平均はいずれも$174/7$（<25）度となり，連続する5日間の平均はいずれも$126/5$（>25）度となるので，ヒマワリとオニユリの言い分は両立する。

　これをどうやって求めたかを説明しよう。10日間の最高気温記録をt_1，t_2，…，t_{10}としよう。$S(i, j)$を第i日から第j日までの最高気温の合計，すなわち$t_i+\cdots+t_j$とすると，条件より，$S(1, 7)$，$S(2, 8)$，$S(3, 9)$，$S(4, 10)<7\times25=175$であり，$S(1, 5)$，$S(2, 6)$，…，$S(6, 10)>5\times25=125$だ。記録されている記録t_iはaとbの2種類しかないので，$S(1, 7)=S(2, 8)$から$t_1=t_8$としてよさそうだ。一般には$t_i=t_{i+7}$（$i=1$，2，3）が成り立つ。同様に$S(1, 5)=S(2, 6)$から$t_1=t_6$，一般には$t_i=t_{i+5}$（$i=1$，2，3，4，5）が成り立つとしよう。この関係を何度も使うと，$t_1=t_3=t_5=t_6=t_8=t_{10}$が導かれる。また，$t_2=t_4=t_7=t_9$でもある。実際，10日間の記録を$a$，$b$，$a$，$b$，$a$，$a$，$b$，$a$，$b$，$a$とすると，$S(1, 7)=S(2, 8)=S(3, 9)=S(4, 10)=4a+3b$，$S(1, 5)=S(2, 6)=\cdots=S(6, 10)=3a+2b$となり，つじつまが合う。$4a+3b$は整数であり175より小さい。また$3a+2b$も整数であり125より大きい。そこで$a-b$を最小にするために，$4a+3b=174$，$3a+2b=126$とおいて解くと$a=30$，$b=18$が得られる。

　次の問題は，11日間の記録ではヒマワリの主張とオニユリの主張が両立することがないということの証明だが，そのためにまず，nを偶数とするとき，n日間の記録で，連続2日の平均値がどれも25度未満であり，初日を除いた$n-1$日の平均値と，最終日を除いた$n-1$日の平均値とがともに25度を超えるようなものが存在しえないことを示そう。そのような記録があったとし，それをt_1，t_2，…，t_nとする。このとき$t_1>25$である。なぜなら，t_1，…，t_{n-1}の平均は条件より25度を超えるが，t_2，…，t_{n-1}は（連続する2日に分割できるので）平均が25未満である。したがって$t_1>25$でなければならない。また$t_2>25$でもある。なぜなら，t_2，…，t_nの平均も条件より25度を超えるが，t_3，…，t_nは同様に平均が25未満だからだ。ところが$t_1>25$，$t_2>25$はt_1とt_2の平均が25未満というこ

とに反する。

さて，次に11日間の記録でヒマワリの主張とオニユリの主張を両立させるものがあったとしよう。それを t_1, t_2, …, t_{11} とし，先と同様 $S(i, j) = t_i + \cdots + t_j$ とする。すると，$S(1, 5)$, $S(2, 6)$, …, $S(7, 11) > 125$ であり（ヒマワリの主張），$S(1, 7)$, $S(2, 8)$, …, $S(5, 11) < 175$ である（オニユリの主張）。したがって $S(6, 7) = S(1, 7) - S(1, 5) < 175 - 125 = 50$ である。同様に $S(7, 8)$, $S(8, 9)$, $S(9, 10)$, $S(10, 11) < 50$ だ。また $S(8, 10) = S(1, 5) + S(6, 10) - S(1, 7) > 125 + 125 - 175 = 75$ である。同様に $S(9, 11) > 75$ だ。ここで記録 t_8, t_9, t_{10}, t_{11} を考えると，いま示したことは，この4日間では連続する2日の平均がどれも25度未満であり，t_8, t_9, t_{10} と t_9, t_{10}, t_{11} の平均が25度を超えているということだが，それがありえないということは，$n = 4$ の場合に上で述べた通りである。

実は，この問題と答えはさらに一般化でき，m と n が互いに素な整数の場合，$m + n - 2$ 日間の記録で，連続する m 日の平均をとるといつも c 度未満だが，連続する n 日の平均がいつも c 度を超えるようなものが存在する。実際にそのような例を作ることも，先と同様に $t_i = t_{i+m}$ ($i = 1$, …, $n-2$)，$t_i = t_{i+n}$ ($i = 1$, …, $m-2$）とおけば，さほど難しくない。少し面倒だが，$m = 7$，$n = 16$ の場合にやってみると，$t_1 = t_3 = t_5 = t_7 = t_8 = t_{10} = t_{12} = t_{14} = t_{15} = t_{17} = t_{19} = t_{21} = a$，$t_2 = t_4 = t_6 = t_9 = t_{11} = t_{13} = t_{16} = t_{18} = t_{20} = b$ となる。この場合，連続する7日間の合計はいつも $4a + 3b$，連続する16日間の合計はいつも $9a + 7b$ だから，例えば $4a + 3b = 7c - 1$, $9a + 7b = 16c + 1$ とおいて解くと，$a = c - 10$, $b = c + 13$ が得られる。

しかし，$m + n - 2$ はこのような記録が存在できる最長の日数で，$m + n - 1$ 日間の記録ではこのようなものは存在しないことが証明できる。そのような記録が存在するとして，まず $n > m$ としても一般性を失わないことは了解していただけるだろう。また，条件より，$S(1, m)$, $S(2, m+1)$, …, $S(n, m+n-1) < mc$ であり，$S(1, n)$, $S(2, n+1)$, …, $S(n, m+n-1) > nc$ だ。さて m と n は互いに素だから $n = qm + r$ ($0 < r < m$) と書くことができる。

すると $S(qm+1, n) = S(1, n) - S(1, m) - S(m+1, 2m) - \cdots - S((q-1)m+1, qm) > nc - qmc = rc$ である。同様に，$S(qm+2, n+1)$, …, $S(qm+m, n$

57

$+m-1)>rc$ だ。

また，$S(n+1, qm+m)=S(1, m)+S(m+1, 2m)+\cdots+S(qm+1, (q+1)m)$ $-S(1, n)<(q+1)mc-nc-(m-r)c$ である。同様に，$S(n+2, qm+m+1)$，$\cdots$，$S(n+r, n+m-1)>(m-r)c$ だ。これが何を意味するかというと，t_{n+1}，t_{n+2}，$\cdots$，t_{m+n-1} という $m-1$ 日間の記録に限って考えると，連続する r 日の平均は c を超え，連続する $m-r$ 日の平均は c 未満だということになる。$n=qm+r$ と m は互いに素だったから，$m-r$ と r も互いに素である。こうして m, n を新たに $m-r$, r に置き直して考えると，(先の証明で $m=5$, $n=7$ の場合が $m-r=3$, $r=2$ の場合に帰着されたように）問題はより小さい m, n の場合に帰着されることがわかる。よって後は数学的帰納法によって証明を完成すればよい。

第92話 続・賢者たちのチーム戦

　第61話「集え！賢者たちよ」と第62話「賢者たちのチーム戦」(『数学パズルの迷宮　パズルの国のアリス2』)はイモムシ探偵局主催で賢者たちを集めて行われた推理コンテスト大会の話だった。集まった参加者たちが完璧な論理で問題の答えを正しく推理したために，かえって面白みが減ってしまって，あまり評判のよくない結果に終わったコンテストもあったが，チーム戦では，戦略をうまく立てたにもかかわらず大勢の中には迂闊にも間違える者もあり，結構意外な結果が生じて好評を博した。そこで，団体戦だけでも，もう一度やってみようということになり，イモムシ探偵局ではアリスにも手伝ってもらって助手のグリフォンを中心に問題作成に熱が入っている。

いつも大会委員長を仰せつかるだけで満足している局長のイモムシが，今回こそは問題作りでも貢献しようと妙に張り切っていて，次のような推理ゲームを提案した。例によって，賢者たちは好きな人数のチームを作って参加する。チーム全員を一部屋に集めそれぞれに数値つきの帽子をかぶせる。チームの人数がn人の場合，帽子の数値は0から$n-1$までの整数のどれかだが，各人の数値はまったく無関係である。例えば，全員が同じ数値の可能性もあるし，別々の数値の可能性もある。皆，自分の数値は見えないが，他のチームメイトの数値は見える。その後，各人は隔離され自分の数値を当てるというゲームだ。他の人の数値から自分の数値をどう推測するかについては，チームメイト間で事前に十分に相談することが許される。

　問題は得点である。イモムシの考えでは，「どのチームも当たった人数がそのまま得点になるというのでよいのではないか？　でたらめに答えた場合，n人チームでは1人あたりの正解確率が$1/n$だろう。だから全員では（$1/n$）×$n=1$が得点の期待値になり，チームの人数によらず一定だから人数による有利不利はない」。これに対しアリスは「でも，うまい戦略を立てると，その期待値が上がるのかしら？」と疑問顔だ。「そうでないと，当てるといってもただの運試しになってしまい推理コンテストにならないわ」。しばらく考えていたグリフォン，「うーむ，だめだね。どんな戦略を使っても期待値はいつも1だ」。

　イモムシの自慢気な顔がしょんぼりしていくのを，アリスがそらご覧なさいという目で見ていると，突然グリフォンが「……待てよ。そうか，得点のルールを少し変更すれば，面白い推理ゲームになるかもしれない」といって次のような変更を提案した。

　変更案1：どのチームも全員が正解したときのみ，人数分の得点が得られる。1人でも不正解者がいた場合，そのチームの得点は0である。

　変更案2：どのチームも1人でも正解すれば得点1が得られる。全員が不正解であれば得点は0である。

　「えー？」とアリスは不信感丸出しだ。「だって，案1なんて，全員が正解しなくちゃいけないんでしょ。人数の多いチームのほうが得点が多くなるとはいえ，そ

んなの絶望的よ。逆に案2は，1人あたりの正解確率は下がるけれど，誰か1人が当てればいいんだから人数が多いほうが有利な気がするわ」。

グリフォンは「それは当てずっぽうの場合だろ。うまく戦略を立てれば，このどちらの案の場合も得点期待値は1だから，大丈夫だ。そうだね，この2案を取り混ぜて何セットか試合を行い，得点を競うというのはどうだろうかね」。

読者の皆さんには，これらのグリフォンの言葉の根拠を考えていただきたい。まず，（正解者数がそのまま得点という）イモムシの提案のままでは，何人のチームでどういう戦略で臨んでも得点期待値が1になることを説明してほしい。また，案1でも案2でも，イモムシの提案に比べ得点は減ることがあっても増えることはないので，期待値は1以下だが，グリフォンによると，うまく戦略を立てれば期待値が下がることを食い止められるという。特に案2の場合，得点はいつも1以下であることを考えると，必ず1人は正解する戦略があることを意味する。それらの戦略とはどういうものだろうか。

第92話の解答

　最初に正解数がそのまま得点というイモムシの案だが，この場合には戦略に無関係に期待値が1になってしまうというのは次のように考えるとよいだろう。回答者チームはn人からなるとしよう。その全員に0から$n-1$までの番号を振る。主催者側による帽子のかぶせ方に特殊な癖がないとすると，n人のそれぞれにn種の帽子をかぶせるのだから，それにはn^n通りのかぶせ方がありそれぞれが均等に起こると考えてよい。今，0番を除いて1番から$n-1$番までのメンバーにかぶせられた帽子の数値を1つのパターンに固定して考えよう。0番の人は，あるルールでこれらの数値から自分の数値を推測することになるが，実際に自分にかぶせられた帽子は0から$n-1$までの可能性が均等にあるわけだから，それが当たる確率は$1/n$である。これは，1番から$n-1$番までの帽子の数値が何であっても同じことだから，n^n通りあるかぶせ方のうち当たるのはその$1/n$である。他の1番から$n-1$番までのメンバーによるどの推測についても同じことだから，得点期待値はそれぞれの推測が当たる確率の和すなわち$(1/n) \times n = 1$にしかなりようがない。

　次に変更案1だが，この場合，全員が正解すればイモムシ案と同様n点になるがそうでないと得点は得られない。もちろん，上に述べたように，どのメンバーも単独の正解確率は$1/n$にしかなりようがない。アリスが言うように全員でたらめに推測したりすると，全員が正答する確率は$1/n^n$で得点期待値は$1/n^{n-1}$になってしまう。だから，案1で得点期待値が下がらないようにするには，一部の人だけが正解するという事態を避けるしかない。

　それを実現するのは意外に簡単で，あらかじめ相談して，チームの数値の総和をnで割った余りの想定値を決めておけばよい。各メンバーはその想定通りに自分の帽子の数値を推測する。例えば，想定値が0，すなわち総和がnで割り切れると想定した場合，1番から$n-1$番までの帽子の数値の総和をtとすると0番の人は自分の数値の推測値p_0を$t + p_0$がnで割り切れるように決めればよい。他のチームメートも同様だ。こうすると，実際にかぶせられた帽子数値の総和がnで割り切れた場合は，全員が正解して得点nが得られる。そうでないと全員が不正解となる。想定が正しい確率は$1/n$だから，得点期待値は$(1/n) \times n = 1$だ。

考え方は同じだが，変更案2に対する戦略のほうが変更案1に対するものよりも見つけにくいかもしれない。今度の場合，複数人が正解しても得点は1にしかならない。ちなみに，全員ででたらめに推測すると1人も当たらない確率は $(1-1/n)^n$ であり，これはよく知られているように n について単調増加で $1/e \approx 0.368$ に収束する。したがって，誰かが正答する確率についてのアリスの勘は正しくなく，n が大きくなると少しずつ下がり，$1-1/e \approx 0.632$ に収束するが，ともかく1よりはだいぶ小さくなる。複数人が当たると2人目以降の正解分が無駄になるので，それを防ぐには正解する人がただ1人になるようにするのが戦略のポイントだ。

　そのための方法の1つとしては，例えば次のようなものがある。今，実際にかぶせられた帽子の数値の総和を s とし，$s' = s \bmod n$，すなわち s を n で割った余りを s' としよう。s' はチームの誰かの番号に等しい。そこで各メンバーが自分の数値をどう推測するかだが，全員，自分の番号こそ s' に等しいと思い込むのがよい。つまり，k 番の人は，自分以外のメンバーの帽子の数値の合計 t を求め，自分の数値 p_k は $t + p_k = s \equiv s' = k \pmod{n}$ を満足するものと考える。だから，$p_k = (k-t) \bmod n$ を計算し，それを推測値とするのだ。その結果，番号が本当に s' のメンバーだけが正解し，他の全員が間違える。つまり，帽子番号のどんな組合せに対しても必ず正解者が1人出ることになる。

　このように考えてくると，例えば，k $(1 \leq k \leq n)$ という数を決めて，正解者が k 人以上いると k 点もらえるが k 人未満では0点というような得点案の場合も，うまく戦略を立てれば得点期待値が1よりさほど下がらなくてすむと考えられる。ただ戦略は複雑になるかもしれないので，実際にどういう戦略を採ればよいかは読者の皆さんに考えていただこう。

63

第93話の解答

　いずれも似たような問題ではある。このようにある種の対称性が存在する場合の確率や数え上げ問題は、群とそれが作用する集合に関する一般的な定理が適用できる場合が多い。しかし、それでも、一律にパッパと解けるというようなものではないし、今回はサイズが比較的小さい問題ばかりなので、個別に考えていこう。もし読者のほうで、同様な問題を一律に扱う方法を思いつかれたなら、是非ご連絡いただきたい。

　まず、正8面体サイコロの場合だが、これは正8面体のままで考えていくより、その双対図形の立方体を思い浮かべるほうが、考えやすいように思う。つまり、1から8の目は、正8面体の面ではなく、立方体の頂点に振られていると考えるわけだ。立方体の頂点は000から111までの2進数に対応させて、隣り合う頂点同士は1ビットだけ異なるようにできる。それを座標と呼び、まず頂点を2種に分類しよう。つまり、000、110、101、011という偶数個の1を持つ座標に対応する頂点を偶頂点と呼ぶ。逆に100、010、001、111という奇数個の1を持つ座標に対応する頂点を奇頂点と呼ぶ。すると、隣り合うのは互いに別のグループに属する頂点ということになる。

　最初の問題は、隣接頂点をたどる経路で1から8までを順にたどってまた1に戻ることができる確率を求めることだが、この経路は偶頂点と奇頂点を交互にめぐるものだ。まず、サイコロの目がそうなっている確率を求めよう。8頂点に1から8の目を振るには8!通りのやり方がある。そのうちで奇数の目を奇頂点に振り、偶数の目を偶頂点に振るには4!×4!通りのやり方がある。逆に奇数の目を偶頂点に振り、偶数の目を奇頂点に振るのも同数のやり方がある。したがってサイコロの目の順にめぐると奇頂点と偶頂点が交互に現れるようになっている確率は（2×4!×4!）/8! ＝ 1/35である。これが最初の問題への答えというわけではない。iの目を振られた頂点の座標をa_iとし、その全ビットを反転させた座標を$\overline{a_i}$とする。議論は対称的なので、a_1, a_3, a_5, a_7が奇頂点だとしても一般性は失わない。すると$\overline{a_1}$, $\overline{a_3}$, $\overline{a_5}$, $\overline{a_7}$は偶頂点だが、a_iと$\overline{a_i}$は隣り合っていないので、サイコロの目が最初の問題の条件を満たすようになっていると、a_iの前後に$\overline{a_i}$は来ることができない。このことを考えながら、サイコロの頂点を目の順

に並べると，可能性は

$$a_1\,\overline{a_5}\,a_3\,\overline{a_7}\,a_5\,\overline{a_1}\,a_7\,\overline{a_3}$$
$$a_1\,\overline{a_7}\,a_3\,\overline{a_1}\,a_5\,\overline{a_3}\,a_7\,\overline{a_5}$$

に絞られる。逆にa_iと$\overline{a_i}$という対を除き奇頂点と偶頂点はどれも隣り合っているので，これらの並べ方は条件を満足することがわかる。結局，奇頂点を自由に並べると偶頂点の並べ方は$4! = 24$通りのうち2通り以外は不適格になるので，問題の確率は$1/35 \times 2/24 = 1/420$ということになる。

さて，逆に連続する目が隣り合わないようになっている確率だが，これもa_1を奇頂点だと仮定してよいだろう。他の奇頂点を目の順にa_k，a_l，a_m（$1 < k < l < m \leqq 8$）とする。対称性から，これらの座標が具体的にどうなっているかは問題でなく，これらの間に偶頂点をどのように挿入できるかが問題だということは納得していただけよう。a_kの前後に挿入できる偶頂点は$\overline{a_k}$のみだ。そのことを考慮すると，条件を満足するサイコロの頂点を目の順に並べると次の4タイプに分けられる。

（1）$a_1\overline{a_1}$で始まる。この場合，a_kの前に$\overline{a_k}$が来なければならず，a_kの後ろに偶頂点は来ない。また，最後も偶頂点ではありえない。すなわち，$a_1\overline{a_1}\cdots\overline{a_k}a_k a_l$ $\cdots a_m$という形だ。$\overline{a_l}$と$\overline{a_m}$は2カ所の…のどこかに来なければならないが，ありうるのは

$$a_1\,\overline{a_1}\,\overline{a_l}\,\overline{a_m}\,\overline{a_k}\,a_k\,a_l\,a_m$$
$$a_1\,\overline{a_1}\,\overline{a_m}\,\overline{a_l}\,\overline{a_k}\,a_k\,a_l\,a_m$$
$$a_1\,\overline{a_1}\,\overline{a_k}\,a_k\,a_l\,\overline{a_l}\,\overline{a_m}\,a_m$$

の3通りだ。

（2）$a_1 a_k \overline{a_k}$で始まる。この場合，a_lの前に$\overline{a_l}$が来なければならず，a_lの後ろに偶頂点は来ない。すなわち$a_1 a_k \overline{a_k}\cdots\overline{a_l}a_l a_m\cdots$という形だ。$\overline{a_1}$と$\overline{a_m}$は2カ所の

67

…のどこかに来なければならないが，ありうるのは

$$a_1 a_k \overline{a_k a_1 a_m a_l} a_l a_m$$

$$a_1 a_k \overline{a_k a_m a_1 a_l} a_l a_m$$

$$a_1 a_k \overline{a_k a_l} a_l a_m \overline{a_m a_1}$$

の3通りだ。

（3）$a_1 a_k a_l \overline{a_l}$ で始まる。この場合，a_m の前に $\overline{a_m}$ が来なければならず，a_m の後ろに偶頂点は来ない。すなわち $a_1 a_k a_l \overline{a_l} \cdots \overline{a_m} a_m$ という形だ。$\overline{a_1}$ と $\overline{a_k}$ は…の位置に来なければならないが，ありうるのは

$$a_1 a_k a_l \overline{a_l a_1 a_k a_m} a_m$$

$$a_1 a_k a_l \overline{a_l a_k a_1 a_m} a_m$$

の2通りだ。

（4）$a_1 a_k a_l a_m \overline{a_m}$ で始まる。この場合，最後に $\overline{a_1}$ が来なければならない。すなわち $a_1 a_k a_l a_m \overline{a_m} \cdots \overline{a_1}$ という形だ。$\overline{a_k}$ と $\overline{a_l}$ は…の位置に来なければならないが，ありうるのは

$$a_1 a_k a_l a_m \overline{a_m a_k a_l a_1}$$

$$a_1 a_k a_l a_m \overline{a_m a_l a_k a_1}$$

の2通りだ。

こうして全部で10通りのパターンがあることがわかった。これに，奇頂点の割り当て方が $4! = 24$ 通りあり，奇頂点を偶頂点とを入れ替えられることを考えると，全部では $10 \times 24 \times 2 = 480$ 通りになる。したがって問題の確率は $480/8!$ $= 1/84$ となる。

最後の立方体のサイコロの場合だが，立方体の場合，対面同士以外は隣り合っているから，対面同士を組みにして2つずつ3つの対に分けるのがうまいようだ。対面同士が連続する目を持つと，隣り合う面を伝って目の順に周遊することは不可能だが，それ以外なら問題ない。6つの目を3つの対に分割する方法の数は $6!/(3! \times 2^3) = 15$ 通りあることは，簡単な考察でわかる。また，それらのうち連続する目が同じ対に含まれないのが

$(1, 3)$, $(2, 5)$, $(4, 6)$

$(1, 4)$, $(2, 5)$, $(3, 6)$

$(1, 4)$, $(2, 6)$, $(3, 5)$

$(1, 5)$, $(2, 4)$, $(3, 6)$

の4つだけであることは，数え上げで確認できるから，求める確率は4/15である。

第94話 モグラ大学の卒業試験

　モグラ大学で行われた卒業試験の話にお付き合いいただきたい。モグラ大学は，例のモグラたちがいる無限国でただ1つの大学で，もちろん各学年の学生も教員も無限匹いる。この大学の学長は，ボスモグラの身内でワンマン学長として名を馳せている。その学長が，イモムシ探偵局主催の推理コンテストのことを小耳にはさみ，何を思ったのか今度の卒業生を対象に最終試験をやると言い出した。

　卒業式の当日，卒業予定のモグラ学生たちは1列に並ばされて，卒業証書代わりの角帽がかぶせられるが，悪趣味にも，その角帽には1から5の5段階評価で卒業成績が大きく書いてある。学長の考える卒業試験とは次のようなものだ。卒業予定者は，自分に角帽がかぶせられるときは目をつぶっていなければならない。

かぶせられたあとは目を開けてよいが，当然，自分の成績は見えない。また，モグラたちは生活環境から容易に想像されるように，目が悪く，開けたところで確実に成績が見えるのは自分から前後10匹以内である。帽子をかぶせられたあとは学生間にはコミュニケーションの手段はない。

最終試験の問題は，読者も御推察どおり，自分の成績を当てることである。外れたら卒業は取り消しだ。ところが，ここで学長は粋な（？）計らいをした。個々の学生を試すのはやめにして，全体で無限匹が自分の成績を当てれば全員が卒業できるという選択肢（一蓮托生案）を学生たちに与えた。その代わり，こちらを選ぶと，自分の成績を当てた学生が有限匹しかいなかった場合，全員が落第ということになる。

さて，読者から学生モグラにアドバイスしていただきたいのは，個々に勝負する案と一蓮托生案のどちらを選ぶのがよいかということだ。また，もし一蓮托生案を選ぶほうがよいなら，各学生はどのように自分の成績を推測すべきだろうか？

モグラたちの目が悪くなくて，どんな遠くの学生の成績であろうとそれが見え，しかも全員の成績をひと目で見てとれるならば，一蓮托生案で学生たちが勝利できるのは確実だ。やり方は簡単で，各学生は，自分を除く全員の成績がわかるのだから，1から5までの成績のうち，無限匹のモグラに付いた一番よい成績を自分の成績として推測すればよい。そうすることで，全員が同じ成績を推測することになり，確かにその成績を付けられた学生は無限匹いるからだ。

実は，この場合には，もう少し厄介な一蓮托生案であっても学生たちが勝利することができる。それは「誤答がたかだか有限匹にとどまるならば全員が合格だが，無限匹が間違えると全員が落第」というもので，次の問題としては，この場合の学生側の戦略を考えていただきたい。集合論で有名な（悪名高い？）選択公理を利用してよいものとしよう。

第94話の解答

　最初の問題だが，学生たちはある程度自分の成績の予測はつくだろうから，個々に勝負しても，ある程度以上の勝率は上げられる。しかし，その勝率が例えば1/2とすると，半数が落第という悲惨な結果になるので，ここは一蓮托生案でいくしかない。問題は，そのときに成績推測のうまい戦略があるかどうかだ。

　実は各学生がでたらめに推測するという戦略でも，正答者が有限匹にとどまる確率は0である。なぜなら，その場合の正答率は1/5であり，回答者が無限匹だから，正答者数の期待値も無限になるからだ。だが，これはあくまでも確率の話で，正答者が有限匹しかいないということが論理的にありえないということではない。だから，正解者が論理的に無限匹になる戦略があれば，それにこしたことはない。

　そのような戦略のためのヒントは，実は第92話「続・賢者たちのチーム戦」の解答（本書62ページ）の中にある。$n = 5$の場合の変更案2に対する戦略を応用すればよいのだ。具体的には例えば次のようにする。学生たちは，近くにいるもの同士で5匹ずつのグループを作る。そしてその中で各メンバーに1から5の番号を振る。さて，目が悪いといっても，自分の前後10匹くらいは見えるというのだから，自分を除くグループの全メンバーの成績は見えるはずだ。そこでその4匹の成績を足し，そこから自分の番号を引く。それにいくつ足せば5で割り切れるようになるかを考えて，それを自分の成績の推測値とするのだ。そうすると，第92話の答えと同様，あるグループに属する5匹の成績の総和をSとすると，そのグループの中では，$S \equiv n \pmod 5$を満たす番号nを持つ学生だけが正しく成績を推測する。結局，5匹の各グループごとに正解者が1匹ずつ出て，全体ではグループは無限個あるのだから，正解者数は確実に無限になる。

　次の問題はいささか厄介だ。まず前提が変わり，モグラたちは自分を除いて全員の成績を知っている。ただし今度は，無限匹が正答するだけでは駄目で，誤答を有限匹にとどめねばならない。いくつか簡単な場合を先に考えておこう。例えば，有限匹の例外を除き全員が同じ成績だった場合，全学生にそのことはわかるから，全員が自分の成績もそれと同じだと推測するという戦略が取れる。その結果，間違える学生は有限匹に限られるので，この卒業試験に合格できる。さらに，

72

学生に通し番号を付けておいたとき，このとき有限箇所を除いて成績が完全に周期的だったとしよう。例えば，1000番より後では8匹ごとに1，2，2，3，3，4，4，5という成績が繰り返して現れていたとする。すると，途中から同じ成績が繰り返していることは全学生にわかるから，最初から全成績が同じパターンを繰り返すとして，自分の成績を推測すればよい。この場合も，間違えるのは周期が始まる前のせいぜい1000匹だから学生たちの勝利だ。

　実は，パターンの繰り返しがない場合も，学生たちの戦略は基本的には上と同じである。一般に学生たちの成績一覧を考え，それをsとしよう。学生たちには1から番号を振ってあるとすると，sは自然数の集合Nから$\{1，2，3，4，5\}$への関数と考えることができる。このコラムでも何度か取り上げたように成績一覧sは，色々とありえ，そのバラエティの総数は非可算無限個だ。2つの成績一覧sとtが有限箇所しか違わない場合，$s \sim t$と書くことにする。ポイントは$\sim$が数学で言う同値関係というものになることだ。つまり，次の3つの条件が成り立つ。

（1）$s \sim s$である。

（2）$s \sim t$ならば$t \sim s$である。

（3）$s \sim t$かつ$t \sim u$ならば$s \sim u$である。

　初めの2つの条件は明らかだろうから，（3）について述べると，sとtがmカ所で異なり，tとuがnカ所で異なるならば，sとuの違いはせいぜい$m+n$カ所にしかならないからだ。

　$s \sim t$ならばsとtはいわば同じ家族のようなもので，これに従って，すべての成績一覧を分類することができる。sを1つの成績一覧とするとき，それと有限箇所しか違わない成績一覧の全体$\{t \mid t \sim s\}$を$[s]$と書き，sの同値類と呼ぶ。すると，すべての成績一覧はどこかの$[s]$に納まり，他の$[t]$に二重に属することはない。さて，各同値類$[s]$が家族のようなものとすると，それぞれの代表（家長）を決めることができる。あとは簡単である。学生たちは，自分の成績がわからないので本当の成績一覧は完成できないが，他のすべての成績がわかるのだからそれがどの$[s]$に属するかは判定できる。それを代表するのがsだとす

73

ると，sの通りに自分の成績を推測すればよい。こうすれば推測を外す学生は有限匹だから，学生たちの勝利は確実である。

　当たり前のように書いたが，「各同値類［s］の代表（家長）を決めることができる」としたのが，実は選択公理にほかならない。この部分を読んで怪しいと思われた読者は，この戦略の問題点を正しく認識しておられる。先に述べたように，途中から同じパターンが繰り返すような成績一覧であれば，完全な繰り返しパターンを代表とすることに誰も異存はないだろう。しかし，どの成績一覧をとっても，それと有限箇所で異なっている成績一覧は可算無限個あるのだから，まったくパターンが見えない成績一覧の場合には，どれを代表にするかについて学生間で了解がなければ戦略は実行できない。まして同値類［s］自体の数は非可算無限個ある。つまり，可算無限個の要素からなる同値類の中から代表を選び出すということを，前もって非可算無限回にわたって繰り返したあとでないと実行できない戦略ということだ。

　もちろん，無限匹いる自分以外の成績を完全に把握できるような学生たちなのだから，そのくらいの選択を前もってやっておくことなど朝飯前だと言われれば，そんなものかと思って黙り込むしかない。というわけで，無条件の選択公理の使用に筆者は懐疑的だが，そのような数学者はむしろ少数派かもしれない。

　ところで，上記の戦略にあたって必要なのは，有限匹を除いて全学生の成績がわかることだけだから，自分より大きい番号の全学生の成績がわかるだけでも学生側が勝利できることを付記して締めくくるとしよう。

第95話 続・モグラ大学の卒業試験

　第94話に引き続き，モグラ大学の卒業試験の話にお付き合いいただきたい。前の話で述べたように，無限匹の住人がいるモグラ国でただ1つの大学であるモグラ大学では，ワンマン学長の主導で卒業生対象の最終試験が実施された。

　卒業予定のモグラ学生たちは無限匹いるが，1列に並ばされて，卒業証書代わりの角帽がかぶせられ，その角帽には1から5の5段階評価で卒業成績が大きく書いてある。自分に角帽がかぶせられるときは目をつぶっていなければならないから，自分の成績は見えない。他の学生の成績を見てそれを当てるのが試験問題だった。帽子がかぶせられたあとは学生間にはコミュニケーションの手段はない。

　第94話の最初の問題は，モグラたちは目が悪いから，自分の近隣しか見えないという前提だった。第2

問は，モグラたちはどんな遠くの学生の成績であろうとそれが見え，しかも全員の成績をひと目で見てとれるという前提だった。今回の問題もこの後者の前提で考えていただこう。ただし，今度の場合の課題は，許される誤答は1つだけというものだ。つまり，誤答が2つ以上あれば，学生たちは全員落第である。

　ただし，全員が同時に回答するならば運を天に任せるしかあるまいが，前回とは多少やり方が異なる。卒業予定学生の中から総代が1人指名されるので，まず，その学生が自分の成績を推測する。他の学生は，その推測を聞いた後で，全員がいっせいに自分の成績を推測するのだ。

　このわずかな違いがモグラ学生たちに福音をもたらす。読者には，学生たちが確実に勝利するための戦略を考えていただきたい。学生が無限匹いる場合をいきなり考えるのは難しいかもしれない。学生数が有限匹の場合をまず考えて，その戦略を無限匹の場合に拡張することをお勧めする。その拡張の際には，また（悪名高い？）選択公理を必要とするだろう。そこで，第94話の解答の内容が参考になるかもしれない。読者の健闘を期待する。

第95話の解答

　総代が1人指名されるということから，誤った推測をしてよいのは，この総代に選ばれた1人だけだろうということは，容易に想像がつく。その代わり，この総代の答えの中には，他の全員が自分の成績を正しく推測するに十分な情報が含まれていなければならない。このように考えると，学生が有限匹の場合の戦略は，それほど苦労せずに思いつくのではなかろうか。

　まず，総代に選ばれた学生は，他の学生全員の成績の和を計算し，それを5で割った余りを自分の成績の推測値として答える（5で割り切れる場合は5と推測する）。この推測が当たるということはあまり期待できない。だが，この答えには他の学生全員が正しく答えるための情報が含まれているのだ。つまり，総代を除く全員の成績の和を5で割ったときの余りである。各学生は（総代を含め）自分以外の学生の成績が完全にわかる。ということは，この総代の答えと矛盾しないためには，自分の成績はどういうものでなければならないかがわかるので，正

しく推測することができる。

　次は，この戦略を無限匹の場合に拡張することだ。第94話の解答欄で選択公理を用いた戦略を述べたが，それが理解できていればさほど難しくはない。同様に無限匹の成績一覧全体を，有限箇所しか違わない同士を同一グループにすることで分類し，各グループから代表を1つずつ選び出しておく（選択公理）。どの学生にも現実の成績一覧がどのグループに属するかはわかるので，その代表をRとする。現実の成績一覧をAとすると，AとRは有限箇所でしか違わない。そこで総代aは自分の成績を除く違いの総和$S = \sum_{x \neq a} (A(x) - R(x))$を計算することができる。そこで$S$を5で割ったときの余りを自分の成績の推測値として答える。また，総代以外の各学生bは自分と総代の成績を除く違いの総和$S_b = \sum_{x \neq a, b} (A(x) - R(x))$を計算することができる。こうして$b$は，総代の答えを聞いた後であれば，自分の成績$A(b)$がどういうものならその答えと矛盾しないかを考えて，正しく成績を推測することができる。

　簡単な例を挙げよう。成績一覧の代表の1つRが，総代を除いて番号順に成績を並べたとき，

　　1，2，3，4，5，1，2，3，4，5，…

と1から5まで繰り返し並ぶもので，現実の成績一覧Aは，これと先頭の2人だけが異なる

　　5，4，3，4，5，1，2，3，4，5，…

というものだったとしよう。総代は違いの総和$S = (5 - 1) + (4 - 2) = 6$を5で割った余りを計算し，自分の成績の推測値を1とする。これを聞いた1番の学生は，自分から見える食い違いが$S_1 = 4 - 2 = 2$だから，自分の成績が$R(1)$から$1 - 2 = -1$違っていることを知り，$R(1) - 1 = 0 \equiv 5 \ (\mathrm{mod} \ 5)$を推測値とする。同様に2番の学生は，$S_2 = 5 - 1 = 4$だから，自分の成績が$R(2)$から$1 - 4 = -3$違っていることを知り，$R(2) - 3 = -1 \equiv 4 \ (\mathrm{mod} \ 5)$を推測値とする。他の学生$b$は$S_b = S$なので，自分の成績が$R(b)$そのものであることがわかり，それを推測値とする。このように総代の答えが当たるかどうかは運任せだが，他の学生は全員正しく成績を推測する。

第96話 ヤマネ, また姪たちの信頼を失う

　久しぶりに開催された鏡の国と不思議の国の合同演芸会の後である。
　「なんてこと。まったく，おじちゃんたら全然当てにならないんだから」とサンデイがヤマネにかみついている。「そうよ。あんなに練習したのに，無駄になったじゃない」とマンデイもえらい剣幕だ。「まあまあ」とグリフォンが間に入る。「結果は，うまくいって好評だったからいいじゃないか。それに君たちが練習した分の成果は出ていたから，練習だって無駄ではなかっただろ」。
　第94話，第95話では賢者チーム戦から波及したモグラ大学の卒業試験の話にお付き合いいただいたが，この影響は他にもあり，問題をいろいろひねっていたグリフォンが新しい奇術の種を思いついたのが事の始まりだ。そこで，その種を

ヤマネとその姪たちに教えて，合同演芸会で披露したというわけである。

　ところが本番では，客席からある簡単な情報を姪たちに送るはずだったヤマネが，その合図をすっかり忘れてしまい，デタラメを送ったために予期しない結果になった。ところが，なぜか，何も知らない観客からは，奇術は完全にうまくいっているかに見え，大喝采を浴びたのだ。

　奇術でどういうことが起こったか説明しよう。サンデイからサタデイまで曜日にちなんだ名を持つヤマネの7匹の姪たちがステージに上がって演ずるのだが，まず，それぞれに，数値が大きく書かれた帽子を本人には見えないようにかぶせる。帽子の数値は整数とは限らず，例えば$1/3$, $\sqrt{3}$, -1.5など実数ならば何でもよい。ただし同じ値が書いてある帽子はないとする。姪たちは，みな両手に青と赤の旗を持ち，準備OKとなったら，司会者の合図とともに一斉にどちらかの旗を挙げるのだ。その後，司会者が数値の順に7匹を並べてみると……あーら，不思議，旗の色が交互に並ぶというわけである。どの子も，姉妹たちの数値が何であるかを見てとることはできるが，自分の数値は見えないので，並べたとき自分が何番目になるかはわからない。

　姪たちは，この奇術を何回かやってうまく成功させたのだが，実は，ヤマネが正しく合図を送ると，いつも旗の順が「青−赤−青−赤−青−赤−青」になったはずなのだ。ときどき反対に「赤−青−赤−青−赤−青−赤」になるという予期せぬ結果が混じっていたのが，姪たちには気に入らないけれども，そんなことを知らない観客には大いにウケたというわけだ。

　読者に考えていただきたいのは，この奇術の種とヤマネが送ることになっていた合図に含まれる情報だ。ヤマネからある情報が得られるとして，その情報を用いて，姪たちはどういうやり方で自分が挙げる旗の色を決めていたのだろうか？　その方法によれば，必ず旗は順に「青−赤−青−赤−青−赤−青」となるように並ぶ。ヤマネからの情報が誤っていれば「赤−青−赤−青−赤−青−赤」と並ぶ。

第97話 ヤマネの姪たちの習い事

　三月ウサギの家の前では，相変わらずテーブルが据えられ，いつ果てるとも知れぬお茶の会が続いていたが，今日は3人組以外に，アリスや（誕生日にちなんだ曜日の名前を持つ）ヤマネの7匹の姪も加わり雑談に花が咲いている。ヤマネは，自分の悪口を言われているとも知らず，ポットの中で気持ちよさそうに熟睡

中である。

「ほんと,このおじちゃんの記憶力の無さときたら,別格よね」とサンデイ。「どこかに記憶力増強訓練をしてくれる塾とか無いのかしら」。

「そうよね」とマンデイ。「そのくせ,あたしたちの習い事にはうるさいんだから。自分でもやればいいのよ。記憶力が身につくような習い事もあるかもしれないし」。

「でも,おじちゃんもそれなりに大変なのよ」とチューズデイが弁護する。

「きっと,あたしたちを預けるにあたって,ママにきつく言われてるんじゃない。ママったら,外国に行っちゃってほったらかしのわりには,教育,教育ってうるさいんだから」。

「へえ,私もずいぶんやらされているけど,どこも同じなのね」とアリスが割

り込む。

「そうよ」とウェンズデイ。「ピアノにバイオリンでしょ。それから水泳教室に絵画教室。おまけに珠算塾に書道塾。あら，6つもよ」。

「え，みんな6つもの習い事をしてるの？」とアリス。

「いや，さすがにそんなことはないけど」とサーズデイ。「全員合わせて6種よ。全部をやっている子はいない。それに全員がやっている習い事もないよね」。

「そういえば面白いことに気づいたわ」とフライデイ。「あたし，サンデイとは水泳教室でいっしょだし，マンデイとはピアノでいっしょ。ほかのどの子ともちょうど1種類の習い事だけでいっしょだわ」。

「えー，不思議ね。あたしもそうよ」とサタデイ。

それを聞いて，みな自分と他の姉妹それぞれが共通の習い事をいくつ持つかを考え始めた。

さて，読者への問題は，これまで述べてきた条件下で，どの2匹をとっても共通な習い事がただ1つという状況がありうるかどうかを考えていただくことだ。

実は，そのような状況がありうるとしたら，習い事の種類も姉妹の数と同じかそれ以上，すなわち7種類以上なければならないので，それを証明していただきたい。また，もう1つ別の習い事（例えばダンス教室）があるとき，どの2匹の姉妹をとっても共通の習い事がただ1つという状況を具体的に作り出してほしい。こちらの問題はそれほど難しくないと思うので，余裕のある人は，さらに加えて「どの習い事をとっても，姉妹7匹のうちにそれをやっているのが3匹以上いる」という状況を作り出せるだろうか。

第97話の解答

　最初の問題は，いささか厄介なので，後の問題を先に片づけることにしよう。全部で7種類の習い事がある場合，どの2匹をとっても，共通の習い事がただ1つある状況を作れるかという問題だ。ただし，全員がやっている習い事はないし，1匹で7種すべてを習っていることもないとする。実は，そのような状況は，n種の習い事があってn人いる場合に一般化しても，簡単に作れる。例えば，ある1つの習い事を1人（Aとする）を除く$n-1$人全員がやっていて，残り$n-1$の習い事をAと他の1人だけがやっている場合である。

　ヤマネの姪たちの場合に適用すると，例えばピアノはサンデイを除く全員が習っていて，バイオリンはサンデイとサタデイ，水泳はサンデイとフライデイ，絵画はサンデイとサーズデイ，珠算はサンデイとウェンズデイ，書道はサンデイとチューズデイ，ダンスはサンデイとマンデイが習っているならば，フライデイが語っているような状況になるし，どの2匹をとっても共通の習い事は1つだけになる。

　しかし，それに加えて「どの習い事をとっても，それをやっている子が3匹以上」という状況を作るのはそう簡単ではあるまい。いささか天下り的だが，下の表のように習い事を割り振ると，その状況になる。表の○はその習い事をやっていることを示し，×はやっていないことを示す。例えばフライデイはピアノ，バイオリン，水泳を習っていて，他は習っていない。

　表からは規則性が感じられないかもしれないが，実は，やみくもに作ったものではなく，有限幾何の理論で知られるファノ平面を利用したものだ。この解答で

	ピアノ	バイオリン	水泳	絵画	珠算	書道	ダンス
サンデイ	×	×	○	×	○	×	○
マンデイ	○	×	×	○	×	×	○
チューズデイ	×	×	○	○	×	○	×
ウェンズデイ	×	○	×	○	×	×	×
サーズデイ	×	○	×	×	×	○	×
フライデイ	○	○	○	×	×	×	×
サタデイ	○	○	×	×	×	×	×

85

有限幾何について詳しく解説することは無理であるから，興味を持った読者は上記の言葉や「デザイン」，「有限射影平面」というようなキーワードで書物やインターネット情報を検索してみられるとよいだろう。少しだけ蘊蓄を述べると，ファノ平面のような有限射影平面を利用すると，$n=7$以外にも，$n=1+k+k^2$でkが素数pの冪（べき）の場合には必ず前ページのような表を作ることができる。その結果，「どの2匹をとっても共通の習い事が1つだけあり」，かつ「どの習い事をとっても，姉妹7匹のうちにそれをやっている子が3匹以上いる」というだけでなく，「どの2つの習い事をとっても，その両方を習っている子がただ1匹いる」という状況を作り出せることがわかっている。

　さて，最初の問題に戻ることにしよう。もし，ダンスという習い事がなければ，上のどちらの例でもサンデイとマンデイには共通の習い事はなくなってしまう。かといって，その代わりにマンデイにサンデイの習っている他の習い事の1つを習わせたりすると，他の姉妹との共通の習い事が2つ以上になってしまう。従って，要求された状況を達成しようとすると，習い事が7種類以上は必要に思える。それを証明するのが課題だ。これについては『天書の証明』（アイグナー／ツィーグラー著，蟹江幸博訳，丸善出版）にあるものが見事なので，それを紹介しよう。

　一般化して，どの2人も共通の習い事を1つだけ持つようにするには，習い事の数は生徒たちの数以上でなければならないことを示せばよい。生徒たち全員の集合をX，習い事全体の集合をAとする。上の条件下で$\#A<\#X$だとし（集合Sの要素数を$\#S$と表す），矛盾を導けばよい。$x\in X$がやっている習い事の全体を$A_x(\subset A)$とすると，前提条件から$2\leqq\#A_x<\#A$であることはすぐわかる。$a\in A$を習っている生徒の集合をX_aとすると，xがaを習っていない場合，$\#A_x\geqq\#X_a$であることが次のようにしてわかる。$y\in X_a$を任意に取ると，条件よりx，yの共通の習い事$a_{x,y}(\neq a)$がただ1つ存在するが，当然$a_{x,y}\in A_x$である。また，異なるy，$z\in X_a$について$a_{x,y}=a_{x,z}=b$ということはありえない。なぜなら，a，bの2つがy，zの2人の共通の習い事になり条件に反するからだ。従って，xがaを習っていないなら，$\#A\cdot\#X_a<\#X\cdot\#A_x$となり，$\#A(\#X-\#X_a)>\#X(\#A-\#A_x)$となるが，

$$\sum_{x \in X} \sum_{a \notin A_x} \frac{1}{\#X(\#A - \#A_x)} = \sum_{x \in X} \frac{1}{\#X} = 1$$

$$\sum_{a \in A} \sum_{x \notin X_a} \frac{1}{\#A(\#X - \#X_a)} = \sum_{a \in A} \frac{1}{\#A} = 1$$

であるから矛盾する。

　『天書の証明』には，さらに短い別証明も載っている。この方が見通しはいいのだが，線形代数の知識が必要なので，そういうことに強い読者のために概要だけを紹介しよう。縦軸に生徒たち，横軸に習い事をとり，ある生徒がある習い事をしているかどうかを0と1で表した行列をMとする。83ページの表でいえば×を0，○を1で置き換えた行列で，組合せ論やグラフ理論では「生起行列」，「結合行列」などと呼ばれるものだ。Mの転置行列を$M^\top$とし，$N = MM^\top$を考える。少し考えればわかることだが，Nのx，y成分$N[x, y]$（$x, y \in X$，$x \neq y$）はx，yの共通の習い事の数だし，Nの対角成分$N[x, x]$はxの習い事の数$\#A_x$にほかならない。従って，条件を満たせばNの対角成分は2以上の整数で，他の成分は1である。このような行列Nは正定値であることがすぐにわかり，従って正則だからその階数は$\#X$である（対称行列が正定値であるとは，固有値がすべて正の実数になることと同値である）。当然Mの階数も$\#X$以上でなければならず，その列数，すなわち習い事の数$\#A$も$\#X$以上でなければならない。

第98話 | ハート王室の金庫を開錠せよ

　ハートの兵士たちがゾロゾロとイモムシ探偵局にやってきた。みな苦虫を噛み潰したような顔つきだ。「おや，大勢でめずらしい」と部屋の奥にいた局長のイモムシがふんぞりかえって言うのを無視して，手前で雑談中だったアリスとグリフォンに「いやはや，女王陛下ときたら，ひどいのなんのって」と口々に苦情をまくしたてる。

　その要点を整理すると次のようなことらしい。先日，ハート王室の金庫を新調したので，ハートの女王が開錠のための暗証番号10桁を設定した。ところが，それを自分で覚えておくのが面倒だった女王は，兵士たちに1桁ずつ教えて，自分が聞いたら答えるようにと言った。ところがその数字に何の意味があるかもわ

からなかった兵士たちは，2〜3日もすると，そんなことを言われたこともろくに覚えていないくらいで，もちろん数字が何だったかはすっかり忘れてしまった。

その時金庫に入れたものは，どうやら兵士たちへのボーナス資金で，「忘れたから首をはねる」とは言わないものの，「金庫が開けられないなら，ボーナスを支給するのはやめだ」というのが女王の言い分らしい。

と言われても，忘れてしまった暗証番号についてはグリフォンとアリスだってどうしようもないはずだが，女王によれば，その番号を見せて何か面白い特徴がないかとグリフォンに相談したことがあったというのだ。そこでグリフォンが何か覚えていないかというのが，ハートの兵士たちの一縷の望みだ。

「そういえば，女王が数日前にオレのところに来て，何桁だったか整数を見せられたことがあったな。それかもしれない」とグリフォン。「そうか。少し思い出してきたぞ。末尾が5だったので，5で割ってみたら，また末尾が5になった。そこでもう1回割ったら，また5になった。そこで，また5で割るというのを繰り返していたら，なんと10回も割り切れたよ」。

「やったじゃないですか」とアリス。「きっと，それが女王の暗証番号に違いない。割り切れなくなったときの数値nがいくつかわかれば，暗証番号は$5^{10} \times n$だから，簡単に復元できるわよ」。

「そんなこと言われても，さすがにnまでは覚えていないよ。でも5^{10}の倍数を次々に試してみればいいか？」これを聞いてハートの兵士たちの顔がにわかに明るくなったが，グリフォンが続けて「$5^{10} = 9765625$だから10桁の整数の中には，その倍数がざっと1000個くらいあるね」と言うのを聞いて，またしゅんとなる。それでも10^{10}，つまり100億種類を試すよりずっとましだが。

「でも」とグリフォン。「ほかにも特徴があったような。……そうだ，思い出したぞ。数字は全部奇数だった。つまり0，2，4，6，8は入ってなかった」。

結局，グリフォンの記憶は正しく，ハートの兵士たちは10桁の暗証番号を計算で復元できたのだが，読者諸氏にもこの問題に取り組んで，暗証番号を復元していただきたい。また，余裕のある読者は，「末尾が5だったので，5で割るというのを繰り返していたらなんと10回も割り切れた」というグリフォンの言葉を，「末尾が1だったので，1引いて5で割るというのを繰り返していたらなんと10回も割り切れた」に変えた場合について，同様の問題に挑戦していただこう。

第98話の解答

まず，答えだけを述べよう。最初の問題の答えは3193359375である。また第2の問題の答えは3957519531だ。

最初の問題を素朴に解くなら，何も考えずにただ5^{10}の倍数を次々に生成して，10桁全部が奇数になるかどうかを見ていけばよい。コンピューターの利用が普及した現代の感覚では，1000個程度の整数を調べることなど朝飯前かもしれない。5^{10}を327倍したところで上の解が見つかる。

しかし，それではあんまりなので，もう少し数学的に考えてみよう。ここで気が付くべきことは10^kを5^kで割ると，割り切れて2^kになり，2^kは5で割り切れないという事実だ。このことをうまく利用すると，下の桁から順に数字を決定していくことが可能になる。

まずグリフォンの条件から一番下の桁は5である。また，5^2の倍数の下2桁は00，25，50，75であることがちょっと調べてみるとすぐわかる。このうち奇数の数字だけでできているのは75だから，問題の数値の下2桁は75だとわかる。以下，同様に進めていくと，数値は下の桁から次第に明らかになる。先の事実を使って，一般的にこのプロセスを述べると次のようになる。

いま，下k桁の数値が決定済みとして，それをMとしよう。それは5^kで割り切れるはずだから$M = m \times 5^k$と書ける。その上の桁の数字をxとすると，この$k+1$桁の数値は

$$10^k x + M = (2^k x + m) \times 5^k$$

と書ける。これが5^{k+1}で割り切れるためには，$2^k x + m$が5で割り切れなければならない。2^kが5で割り切れないということから，このような数字xは2つあり，互いに5違う。よって，一方は偶数で他方は奇数である。グリフォンの条件により，xは奇数だから，このようなxはただ1つに定まる。

例えば，下から3桁目を決めるには，$k=2$の場合を考えればよい。3桁の数値は

$$100x + 75 = (4x + 3) \times 25$$

となる。$x = 3$, 8のとき，$4x + 3$は5で割り切れるが，奇数は3のほうだから下3桁は375と決定する。4桁目は

$$1000x + 375 = (8x + 3) \times 125$$

より，$x = 9$だとわかる。以下，ほとんど試行錯誤なしに，下の桁から順に数字が決定していく。

　次の問題，すなわち「1引いて5で割ると割り切れる」の場合もほぼ同様に計算だけで決着させられる。まず一番下の桁は1だ。次の桁をxとすると，2桁の数値は

$$10x + 1 = 2x \times 5 + 1$$

だが，条件より$2x$は5で割ると1余る数である。従ってxは3か8だが，奇数の3がxと確定する。これを伸ばした3桁の数値は，

$$100x + 31 = ((4x + 1) \times 5 + 1) \times 5 + 1$$

である。$4x + 1$が5で割ると1余る数であるためには，奇数xは5でなければならない。4桁目は，

$$1000x + 531 = (((8x + 4) \times 5 + 1) \times 5 + 1) \times 5 + 1$$

より，$8x + 4$が5で割ると1余る数になるように，奇数xを定めると$x = 9$となる。以下，順次，桁数を伸ばしていくことで冒頭で述べた解が得られる。

　また，以上のプロセスから，考えうる暗証番号は他にはないこともわかる。

第99話 鏡の国はスパイ天国？

　鏡の国は，他国ともめごとのない平和な国であるが，その分，諜報活動の取り締まりは極めて緩く，情報を集めて解析をする上で都合がよいので色々な国のスパイたちの活動拠点になっている．某国からは，スパイが4人も入り込み，日々機密情報の収集をしたりその分析をしたりで忙しく活動している．

　第47話「怪しい鉄道運営」（『数学パズルの迷宮　パズルの国のアリス2』）で述べたように，鏡の国には東西に走る鉄道があり，西端の西ルーク駅を出発した列車は，西ナイト駅，西ビショップ駅，クイーン駅，キング駅，東ビショップ駅，東ナイト駅と順に停車し，最後に東端の東ルーク駅に入る．列車はシャトル運行をしており，しばらく停止したのち，今度は東ルーク駅から逆順に各駅をたどり西ルーク駅に戻る．

　さて，スパイたちは1人が2駅を拠点として諜報活動をしており，4人で8つの駅全体をカバーしているが，互いの持つ情報が必要なことから，毎日午前と午後にそれぞれ1回ずつ列車に乗り，車内で諜報メモを交換する．つまり，午前中の特定時間に西ルーク駅を出発する列車に自分の拠点駅の1つから乗り込み，メモ

を交換したあと，もう1つの拠点駅で降りるのだ．午後も同様で特定時間に東ルーク駅を発つ列車に乗り込んでメモを交換したあと，元の拠点駅に戻る．こう

して，一見，ただの通勤のような行動に見せかけながらスパイ活動を続けているのだ。

　読者には「そんなことは自分には関係ない」とおっしゃらずに次の問題を考えていただきたい。まず，ウォーミングアップとして，何も条件がない場合にスパイたちに担当拠点を割り振る上での組み合わせを計算してもらおう。1人2駅ずつ全部で8つの駅を担当するという以外の条件が何もない場合，何通りの割り振り方が可能だろうか。ただし，スパイは4人いるがその区別はしなくともよい。例えば，西ルーク駅と西ナイト駅を担当するスパイがいる場合，それを担当するのが4人のうち誰かは気にしなくともよい。

　第2問は，メモ交換のためにどの2人のスパイも車内で接触する機会を持つようにするとこの組み合わせが何通りに減るかを考えてほしい。

　情報交換は直接2人が接触しなくても行える。例えば，他の全員と接触するボススパイが1人いれば，そのボススパイを経由して全員が情報を共有することが可能だ。第3問としては，このようなボススパイが存在するように担当拠点を割り振るには何通りのやり方があるかを考えてほしい。

　また，ボススパイがいなくても，誰も乗っていない区間がなければ，メモ用紙をリレーする形で全員が互いに通信することも可能だ。この場合に何通りのやり方があるかを考えてほしい。これを最後の問題としよう。

　最初の問題を解けばわかるように，8駅の場合は割り振り方の総数はさほど多くない。従って，すべての割り振り方を書き出して，後の問題を解くこともできるが，一般にスパイがn人いて，駅の数が$2n$の場合の一般解を考えていただくと，さらにこの問題を楽しんでもらえるだろう。

第99話の解答

まず各問題の答えだけを記すと，8駅の場合，答えは順に105通り，24通り，70通り，74通りである。

最初の2つの問題は，少し考えるだけで簡単な組合せ問題に帰着されることがわかる。まず，最初の問題だが，スパイの区別はしないし，他の条件もないことから，拠点駅を2つずつ組み合わせる方法が何通りあるかを考えればよい。西ルーク駅と組み合わせるのは，他の7つの駅のどれでもよいので，その1つを選ぶ。するとまだ組み合わせていない駅が6つ残る。そのうちの一番西の駅を選び，さらに残った5つの駅の1つと組み合わせる。さらに残った駅から一番西の駅を選び，まだ残っている3つの駅の1つと組み合わせる。最後に残った2つの駅は自動的に対になるから，結局，組み合わせの総数は$7 \times 5 \times 3 \times 1 = 105$通りだ。

同じように考えると，一般に駅の数が$2n$だった場合，組み合わせの総数が$(2n-1) \times (2n-3) \times \cdots \times 3 \times 1$と書けることがわかる。このように連続する奇数を次々に$2n-1$まで掛けていく演算は，組合せ論では$(2n-1)!!$と書かれ，頻繁に登場する。「二重階乗」などと呼ばれることがあるが，階乗操作を2度行うのではなく，整数を1つとばしに掛けていくのだ。

第2問は，見た目は複雑そうな印象だが，冷静に考えると，計算的には最初よりさらに簡単なことがわかる。ポイントは，駅を西側（西ルーク駅からクイーン駅まで）と東側（キング駅から東ルーク駅まで）に2分割して考えることで，全スパイがそれぞれ互いに直接接触するための必要十分条件は，実は，全員が西側のどこかの駅から乗り，東側のどこかの駅で降りることだ。そうであれば，クイーン駅からキング駅までの間は全員が同じ列車に乗り合わせているから，互いにメモを交換できることは明白だし，逆に，もし西側の駅から乗り西側の駅で降りてしまうスパイが1人でもいたら，駅の数は西側も東側も4つずつなのだから，必然的に東側だけで乗り降りするスパイもいることになり，この2人には直接情報交換する機会はない。西ルーク駅から乗ったスパイが東側で降りるには4通りの駅が選べ，次には西ナイト駅から乗ったスパイが降りる駅として残りの3通りの駅が選べ，……という具合で，第2問の解は$4 \times 3 \times 2 \times 1 = 24$通りとわかる。一般に駅数が$2n$の場合，$n!$になることは明らかだろう。

おそらく，第3問，第4問の答えはそう簡単に答えは見つからないだろうが，8駅の場合，第1問の答えが105通りだから，それらを全部書き出してしまい，その中から条件に合うものを探すというやり方でも答えは得られる。70通り，74通りというのが正解だが，一般に駅数が$2n$の場合，どうなるかと考えるにはもう少し情報がほしい。

そこで$n = 2$，3，4，5の場合に各問題の答えを書き並べると右のようになる。

$n = 5$の場合の全部で945通りを調べるのは根気が要りそうだが，それがなくともある程度の規則性は見えている。すぐ気づくのは第3問の答えが第1問の答えの2/3になっていることで，実は，

n	2	3	4	5
第1問	3	15	105	945
第2問	2	6	24	120
第3問	2	10	70	630
第4問	2	10	74	706

それは一般に成立する。そのことを証明するのは容易ではないが，次のように考えるのがうまいようだ。

駅数が$2n$の場合，先のように駅を西側と東側（8駅の場合，西ルーク駅からクイーン駅までとキング駅から東ルーク駅まで）に2分する。そして西側の一番東の駅A_1（8駅の場合はクイーン駅）と対にする駅B_1を選び，スパイ1に担当させる。B_1の候補はもちろん$2n - 1$通りある。次にA_2を決めるのだが，B_1が西側から選ばれた場合は，東側の一番西の駅（8駅ではキング駅）とする。B_1が東側から選ばれた場合は，残っている西側の駅で一番東の駅（8駅では西ビショップ駅）とする。B_2はさらに残っている駅から選び，A_2とともにスパイ2に担当させる。これには$2n - 3$通りある。こうしてA_1，B_1，A_2，B_2，…と順次決めていくのだが，A_{i+1}は一般に次のように決める。それまでに決められた$2i$個の駅が西側と東側からi個ずつ選ばれていたら，残った西側の駅のうち一番東にあるものをA_{i+1}とし，西側の駅のほうが東側より多く選ばれていたら，残った東側の駅のうち一番西にあるものをA_{i+1}とする。B_{i+1}は残った駅から任意に選び，A_{i+1}とともにスパイ$i + 1$が担当する。すると，B_{n-2}が選ばれた時点で，全部で$(2n - 1) \times (2n - 3) \times \cdots \times 5$通りの選択が行われ，4つの駅が残ることになるが，それらを西から順にa，b，c，dと呼ぶことにしよう。A_iの決め方からすぐわかるように，これらの駅は，西側と東側に2つずつか，西側に1つで東側に

95

3つだ。したがってaは西側にあり、cとdは東側にある。また駅A_1, …, A_{n-1}は、中央に近いものから優先的に選ばれていくから、すべてaとcの間にある。したがって、aを担当するスパイがcまたはdをも担当すれば、そのスパイはボススパイの役割を担える。反対に残り2人のスパイXとYの担当がa-bとc-dに分かれてしまったら、誰もボススパイになれないことを証明しよう。

まず、このXとYの乗車区間には重なりがないので、どちらもボスになれない。そこでA_jとB_jを担当するスパイj（$1 \leqq j \leqq n-2$）がボスになれたと仮定しよう。bが西側にあったとすれば、A_jはbとcの間にあるので、B_jがどこにあろうと、スパイjの乗車区間は、XまたはYの乗車区間の一方とは重なることがない。そこで、さらにBは東側にあると仮定できる。スパイiが担当する駅はA_iとB_iだが、B_iがA_iより西にあれば担当が西向き、東にあれば東向きということにする。スパイjの乗車区間はXやYの乗車区間と重なるのだから、A_jはaとbの間にあり、B_jはさらに東にあるのでスパイjの担当は東向きだ。b、c、dがすべて東側にある場合を考えているのだから、少し考えればスパイ$n-2$の担当は西向きだとわかる。ということは、jより大きい番号kで、スパイ$k-1$の担当は東向きだが、スパイkの担当は西向きというようなものが存在する。これも少し考えればわかるが、$k-1$が東向きだからA_kは西側にあり、A_jより後の番号を持つからA_jより西にある。ところが、スパイjの担当は東向きで、スパイkの担当は西向きだから、この2人の乗車区間には重なりがないことになり、jがボスになれるということに矛盾する。

こうして、ボススパイを作るには最後に残った4駅のうち、一番西のaを担当するスパイがbを担当すると駄目で、cかdならよいということだ。結局、そのための割り当て方の総数は$(2n-1) \times (2n-3) \times \cdots \times 5 \times 2$通りということになる。

最後の誰も乗っていない区間がないように担当を割り振る問題は、その総数を簡単に計算できる式を見つけるのは難しいようだが、考え方はさほど大変でもない。誰も乗っていない区間がある場合、それがどこかで分類するとよい。西ビショップ駅とクイーン駅の間がそういう区間になる可能性はない。なぜなら、西ビショップ駅を含めそれより西の駅で乗り降りするスパイは延べ3人で奇数だから、西ビショップ駅を出て東に向かう列車に最低1人は乗っていなければならないか

らだ。同様に西ルーク駅–西ナイト駅，キング駅–東ビショップ駅，東ナイト駅–東ルーク駅の間も必ず1人は乗っているので，誰も乗っていない区間があるとすれば，それは西ナイト駅–西ビショップ駅，クイーン駅–キング駅，東ビショップ駅–東ナイト駅の間のどこかである。

そこで，式

$$7!! - 1!! \times 5!! - 3!! \times 3!! - 5!! \times 1!! = 66$$

を考えよう。この式の中の一番右の$5!! \times 1!!$という項は，3人のスパイが西側6つの駅で乗り降りをし，1人のスパイが東側2つの駅で乗り降りする場合，つまり，東ビショップ駅–東ナイト駅間に誰も乗っていない場合を数えたもので，他の項も同様だ。それらを$7!!$から引けば誰も乗っていない区間がないような割り振り方の総数になりそうな気がするが，実はそう簡単ではない。そういう区間が2カ所にできる場合があり，それが二重に引かれるからだ。そこで，その分

$$1!! \times 1!! \times 3!! + 1!! \times 3!! \times 1!! + 3!! \times 1!! \times 1!! = 9$$

を足し戻してやらねばならないが，今度はそういう区間が3カ所にできた場合が足しすぎになるので，その場合の

$$1!! \times 1!! \times 1!! \times 1!! = 1$$

を引き，結局$66 + 9 - 1 = 74$と正解が得られる。このように足し引きを繰り返す手法は，包除原理などと呼ばれ組合せ論では多用される。一般に$2n$駅の場合，この原理を用いれば，最後の問題の答えは

$$\sum_{n_1 + \cdots + n_k = n} (-1)^{k-1} \prod_{i=1}^{k} (2n_i - 1)!!$$

という式で書ける。各n_iは正の整数で，和はnのn_iへの分割全体にわたるから，あまり計算しやすくはない。もう少し計算しやすい式もないではないが，あまり深入りするのも……と思うので，これ以上は読者の研究に委ねよう。

第100話 勝負の決着を早めるには

　トウィードルダムとトウィードルディーの双子兄弟は，飽きもせずまた新品のガラガラをかけての勝負だ。しかし，なべや釜を身に付けて傘での決闘は，何かと頼りにしている伯父が良い顔をしないので，近頃は何かのゲームや賭け事で決着をつけることが多い。

　今回はあまり新しい方法を思いつかなかったので，単純なコイントスで勝敗を決めようということになった。といっても，1回で決まっては面白くないから，最初にカードを10枚ずつ配り，コイントスで表が出たらディーからダムへ，裏が出たらダムからディーへカードを1枚渡す。これを繰り返し，カードが先になくなったほうの負けというルールに決めた。

　ところが，なかなか決着しない。20回以上もコイントスをして，やっとディーのカードが15枚，ダムが5枚になったところで，アリスが通りかかったので，ちょっと勝負を中断して，もう少し早く勝負をつける良い方法がないかとアリスに相談を持ちかけた。

アリスは考える。

　「今，有利になっているという理由でディーの勝ちという案は，ダムが納得するわけないわね。かといって，次のトス1回で決めちゃうというのは，有利になっているディーが納得するわけがない。……あ，これならいいかもしれない」

　「ねえ，こんなのどうかしら。今，2人が持っているカードの表にそれぞれ持ち主の印を付けておいて，全部集めてよくシャッフルするのよ。それを裏向きにしておいて，あたしが1枚抜き出す。それに印がついていた人の勝ちというのはどう？」

　「えー，それって公平なのかな。確かにおれのほうが少し有利だけど，元のままのルールでやったほうがいいってことはないかな」とディー。ダムのほうも前よりさらに自分が不利になっていないかとやや不審顔だ。そこで読者には，新しいやり方が前のルールのままと比べ，どちらに有利になっているか判定してもらいたい。

　結局，双子は，前のやり方とアリスの提案の折衷案というべき，次の方法を採用した。まず，2人は，自分のカードをいくつかの小グループに分ける。例えば，ディーであれば，カードを10枚と5枚の2つのグループに分けてもいいし，1枚ずつのグループを15個作ってもいい。15枚全部からなる大グループを作ってもいい。そうしておいて，双子はそれぞれ自分のグループを1つ選び，アリスの提案による方法でグループ対戦させる。この勝負で勝ったほうは，勝負に使ったカード全部を1つのグループとして自分のものにできる。こうすれば，1回勝負するごとにグループの総数は確実に減っていくので，決着がつくのを早めることができる。読者に考えていただきたいのは，上の勝負が元のやり方を続ける場合やアリスの最初の提案と比べて，どちらかに有利にならないかということだ。また，もし小グループへの分け方や戦わせる順によって勝率に差が生ずるなら，最善の方法を双子にアドバイスしてほしい。

　最後の問題として，もし2人がずっと最初のやり方を変えずにコイントスを続けていたとしたら，最終的にどちらかのカードがなくなり決着がつくまでに何回くらいコインを投げる必要があっただろうか，その期待値を計算していただきたい。

第100話の解答

　アリスの提案による場合，ダムが勝つ可能性が5/20 = 1/4だということはすぐ納得できるが，元のやり方を続けた場合も同じだろうか？　その計算をするために，「あとn回コインを投げて，そのうちダムがa回，ディーがb回勝ったとして，そのときに勝負が決着したとすると……」などと考えていくのは，収拾がつかなくなりそうだ。ましてや，実際に採用された折衷案の場合に，15枚のカードをどうグループ分けしてどういう順に対戦させるのがよいかを，相手の戦略と対比させながら考えていくのは，非現実的である。

　読者の予想もそうだろうが，この場合のダムの勝率は，元のやり方を続けても1/4だし，折衷案の場合にはどのようにグループ分けしてそれらをどういう順に戦わせてもやはり1/4である。

　この結論を簡単に得るために，気づくべきことは，1回ごとの個々の勝負が公平だということだ。「公平」とは，この場合次のように考えるとわかりやすい。各勝負の前後でのカードの所有枚数を考え，その増減の期待値を計算してみよう。すると，例えば，元のやり方では，ダムは勝つ（確率1/2）とカードが1枚増え，負ける（確率1/2）とカードが1枚減るので，その期待値は$1 \times (1/2) + (-1) \times (1/2) = 0$である。折衷案の場合にダムが$a$枚のグループとディーが$b$枚のグループで対戦した場合はどうだろうか。ダムが勝つ〔確率$a/(a+b)$〕とカードがb枚増え，負ける〔確率$b/(a+b)$〕とカードがa枚減るから，その期待値は

$$b \times \frac{a}{a+b} + (-a) \times \frac{b}{a+b} = 0$$

だ。つまり，1回の勝負のカード増減枚数の期待値はどの場合でも0であり，そのことを称して「公平」と言ったわけだ。さて，期待値0の賭け事を何回行おうとも，その期待値は0である。従って，どういう経過をたどって勝負が行われようと，最終的に決着がついたとして，ダムの勝率をaとすれば，そのときダムが得たカードは15枚であり，逆に，ダムが負ける確率は$1-a$でそのときに失ったカードは5枚だから，

$$15 \times a + (-5) \times (1-a) = 0$$

でなければならない。これを解いて $a = 1/4$ だという結論が得られるが，もちろんこれはグループ化や対戦順などの戦略にはよらない。

　この「公平な賭け」という概念は，数学的にはマルチンゲール性と呼ばれるもので，巧妙に適用すればもっといろいろな場合に応用がきく。普通，コイン投げという場合，表裏はともに $1/2$ の確率で出るというのが常識だが，いたずら好きの神様がいて，ダムが今はやや劣勢に立っているのを見て，ちょっと細工して表のほうが少し出やすくしたとしよう。この場合も，ディーやダムが最終的に勝つ確率はそれほど面倒でもなく計算できるのだ。それには，カードの価値をうまく調整して，賭けが公平性を持つようにしてやればよい。いたずらな神様のせいでコイン投げで表が出る確率が p になった場合，ダムが持つ n 枚のカードの価値を $(1-p)^n / p^n$ と考えることで，賭けは「公平」になるのだ。実際，コイン投げで表が出れば（確率 p）ダムのカード枚数は $n+1$ 枚になり，裏が出れば（確率 $1-p$）ダムのカード枚数は $n-1$ 枚になるから，1回のコイントス後にダムが持つカードの価値の期待値は

$$p(1-p)^{n+1}/p^{n+1} + (1-p)(1-p)^{n-1}/p^{n-1}$$

となるが，簡単な計算でわかるようにこの値は $(1-p)^n/p^n$ だからコイントスの前後でカードの価値の期待値は変わらない。ということは勝負が終了した時点での期待値も，最初にダムが持っていた5枚分の価値 $(1-p)^5/p^5$ と変わらない。最終的に勝った時のダムのカードの価値は $(1-p)^{20}/p^{20}$ になり，負けたときのカードの価値は1になる。だから，ダムが勝つ確率を R とすれば，反対にディーが勝つ確率は $1-R$ であり，従って

$$R(1-p)^{20}/p^{20} + (1-R) = (1-p)^5/p^5$$

が成り立つはずだ。これを R について解いて，ダムの勝率は

$$R = \frac{(1-p)^5/p^5 - 1}{(1-p)^{20}/p^{20} - 1}$$

になることがわかる。

　最後の問題は，やり方を変えなかった場合のコイントスの回数の期待値だが，

これも方程式によるのが有効だろう。一般に2人がそれぞれa枚，b枚のカードを持っている場合に，あと何回コイントスを行えばどちらかが0枚になるか，その期待値を$N(a, b)$とおき，方程式を立てよう。a，bの一方が0ならば，もうコイントスは必要ない，すなわち$N(a, 0) = N(0, b) = 0$である。$a, b > 0$の場合，コイントスを1回行うとカード枚数はそれぞれ確率$1/2$で（$a+1$，$b-1$）か（$a-1$，$b+1$）に移行するので，

$$N(a,b)=1+\frac{1}{2}N(a+1,b-1)+\frac{1}{2}N(a-1,b+1)$$

となるから，さまざまなa，bに関してこれらを連立させて解けばよい。これらは線形なので解くのに困難はないが，a，bの値が大きいと，未知数が多く，相当に手間がかかると覚悟されるが，aとbが比較的に小さい場合を解いてみると，幸いに$N(a, b) = ab$ではないかと予想される結果が得られる。実際，先の式に代入すると$a \times 0 = 0 \times b = 0$，

$$ab=1+\frac{(a+1)(b-1)}{2}+\frac{(a-1)(b+1)}{2}$$

となるので，この予想は正しいことがわかる。よって，ダムが5枚，ディーが15枚の場合，あと$5 \times 15 = 75$回くらいコイントスを行うと勝負がつくと期待される。

第101話 続・勝負の決着を早めるには

　第100話の問題の変形についていくつか考えていただこう。
　アリスは，探偵局を訪問したときに，話の種として，トウィードルダムとトウィードルディーの双子兄弟がやっていた第100話のコイントス勝負のことを，イモムシやグリフォンに語った。
　コイン投げでカードのやり取りを繰り返し，先にカードがなくなったほうの負けという単純なものだが，1枚ずつのやり取りでは勝負がなかなかつかない。デ

ィーのカードが15枚でダムが5枚になったところで，やり方を変えて，もっとたくさんのカードをまとめてやり取りすることで決着を早めたという話である。

「ふーむ，うまく考えたね」とイモムシ。「だけど，そもそもカードが行ったり来たりするから，どちらもなかなかなくならなくて困るわけだ。コイン投げで負けたほうはカードを1枚捨てるということにすれば，コインを1回投げるたびにカードの総枚数は確実に減っていくから，20回以内に決着するじゃないか」。

「あ，そうですね。その方法は，少しも考えなかった」とアリス。イモムシは自分の思いつきが気に入ったと見えて自慢気にふんぞり返っているが，アリスは「でも，それって2人にとって公平なのかしら」と疑問顔である。

すると，なにやら紙の上で計算を始めたグリフォン，しばらくしてから顔を上げて「いい思いつきかなと思ったがダメだね。2人とも10枚の最初の段階からそういうことにすればもちろん公平だが，2人の枚数が15−5に分かれた段階からそういうふうに変えるのは，ディーが有利になりすぎるね。ダムにはほとんど勝ち目がない」。

というわけで，せっかく名案に思えた提案も，グリフォンにあっさり却下され，面目を施すチャンスを逸したイモムシである。

さて，読者の皆様には次の問題を考えていただこう。第100話の解答（本書100ページ）でも述べたように，1枚ずつのやり取りを続ける場合，ダムの勝率は5/20＝1/4だが，イモムシの提案に変えた場合，グリフォンによるとダムにはほとんど勝ち目がないという。まず，この場合のダムの勝率がどのくらいになるか計算してグリフォンの言葉を確認してもらいたい。

このやり方と第100話のやり方の折衷案ではどうだろうか。双子は，カードの表に自分の印を付け，いくつかのグループに自由に分割する。各対戦では，2人それぞれが自分のカードグループを1つ選出する。アリスは両グループのカードを全部集めてよくシャッフルし，それを裏向きにしておいて1枚抜き出す。それに印が付いていなかった人のカードはグループごと全部捨てられる。このようにして，グループごとの対戦を繰り返し，先に全グループを失ったほうが負けというやり方である。この場合，カード5枚と15枚をそれぞれグループに分割する上での最善の方法というものはあるだろうか？　それとも相手の分割法がわからないと最善の方法もわからないのだろうか？　あるいはどう分割しようと同じ結

104

果にしかならないのだろうか？

　また，もしグループへの分割方法は指定されていて変えられないとしたら，各対戦でどのグループを選出するかについて，最善の方法というものがあるだろうか？

第101話の解答

　最初の問題は，一見，それほどの差があるとは思えない2つの方法がいかに違った結果をもたらすかを味わっていただこうと出題したものだ。イモムシの提案した方法でやると，ダムの勝率がどのくらいになるかだが，計算しようとして，ちょっと場合分けが面倒だなと感じられた読者がおられるかもしれない。最短ではダムの5連敗で勝負がつくかもしれないし，18回目のコイントスが終わった時点では，ダムの14勝4敗で2人ともカードを1枚ずつ残していて，次の1回で勝負が決着するかもしれない。近年ではexcelなどの表計算ソフトを使えば，これらの場合を丁寧に計算しても簡単に答えは得られる。だが，実はこの計算には，第58話「先攻は有利か？」（『数学パズルの迷宮　パズルの国のアリス2』）で述べた消化試合論法が有効である。どういうことかというと，ダムかディーの一方のカードが尽きてしまっても，かまわずにコイントスを続けると考えることだ（片方のカードが尽きたあとは，勝負には関係のない無駄なコイントスなので消化試合というわけだ）。こうして合計19回コイントスを行っても，勝負の結果には影響が出ないことがミソだ。この試行で5回以上裏が出れば，ダムのカードはなくなっているからダムの負けだし，反対に裏が出たのが4回以内なら15回以上表が出たわけだから，ディーのカードのほうが尽きている。要するにダムが勝つための条件は19回のコイントスで裏がたかだか4回しか出ないことである。このような表裏の出現パターンの総数は

$$_{19}C_0 + {}_{19}C_1 + {}_{19}C_2 + {}_{19}C_3 + {}_{19}C_4$$

だ。これくらいなら手計算でも求められなくもない。ともかくパターンの総数は5036だ。一方，コインに偏りがないとすると，このパターンはどれも$1/2^{19}$の確

率で出現するので，ダムの勝率は$5036/2^{19} \approx 0.0096$ということになり1%にもならない。

　次には折衷案にするとどういうことになるか考えてみよう。上の結果からも予想できるだろうが，結論から述べるなら，この場合は2人ともグループをなるべく細かく分けるほうが有利になる。このことを一般的に考えるためにダムがn枚でディーがm枚のカードを持っているとき，ディーがm枚のカードをa枚とb枚のグループAとBに分けて勝負したとする。ディーがどちらのグループで先に勝負しようとも，ダムが勝つには2回に分かれた勝負の両方に勝利せねばならないから，その勝率は，それぞれの積で$n/(n+a) \times n/(n+b)$ということになる。もしディーがグループに分けずに対戦したとしたら，ダムの勝率は$n/(n+a+b)$になるが，n，a，bは正の数だから，簡単な計算で前者のほうが小さいことがわかる。つまり，分割して勝負されるとダムは不利になる。

　2人の持っているカードの枚数が同じだったとしても，細かくグループに分けることが可能なら，それができるほうは自分の有利さを拡大することができ，その勝率は最大では$1-1/e \approx 0.632$に近づく（eはおなじみの自然対数の底で約2.718である）。また，最初の問題の結果が物語るように，より多くのカードを持つ側は，それらをなるべく細かい単位に分割すれば自分の有利さを驚くほど拡大できる。

　最後に，イモムシ方式で対戦するとき，あらかじめカードのグループへの分割の仕方が指定されていたとしたら，自分のグループをどういう順で対戦させるべきかという問題を考えてみよう。これも結論から述べるなら，グループ分けは重要な要因だが，その対戦順は最終的な自分の勝率になんの影響も及ぼさないということになる。

　このパズルの種本にもなっているウィンクラーの『とっておきの数学パズル』（日本評論社）では，上の事実を説明するために，n枚のカードグループを「寿命nの数学的に理想的な電球」で置き換えて考えている。この場合の対戦とは，電球を同時に点け，先に切れたほうが負けということだ。「数学的に理想的」というのは「無記憶性」という言葉に変えてもよいが，その前にどのくらいの時間自分が点灯していたかを電球は覚えていない，つまりどの時点から計測を開始しても，電球は平均n時間で切れるということである（確率・統計の用語を使えば，

電球の寿命は平均nの指数分布に従うといってもよい）。寿命nの電球Aと寿命mの電球Bで対戦すると，Aの勝率は$n/(n+m)$である。このことは，同じ電球をたくさん用意して，次々に対戦させてみることを想像すれば納得できよう。長い時間tの中ではAはt/n個が切れ，Bはt/m個が切れる。従って，ある時点から観測を始めたとき先に切れる電球がBである確率は

$$\frac{t/m}{t/m+t/n}=\frac{n}{m+n}$$

だからだ。

結局n_1, $\cdots$, n_s枚のカードグループとm_1, $\cdots$, m_t枚のカードグループとがイモムシ方式で対戦するとは，寿命n_1, $\cdots$, n_sの電球の組と寿命m_1, $\cdots$, m_tの電球の組が対戦し，その合計寿命を競うということに帰着させることができるので，対戦順とは無関係なことがわかる。

実は，筆者は，この「数学的に理想的」な電球というのが，今ひとつピンと来ない。どんな電球だって，点けていれば自分自身の熱で劣化して寿命が短くなっていくだろうと思うからだ。そういう天邪鬼な考えから抜けられない人には，目の種類がn個あるルーレットとm個あるルーレットとの対戦を想像してもらうとよいかもしれない。この場合，2つのルーレット同士の対戦とは，一緒に回すということを何度も繰り返し，先に特定の目（例えば1）を出したら負けという形になる。もっとも，このモデルだって，ルーレットが長いこと1を出していないときにそろそろ1が出てきそうだと考えるような人を説得するのには役立たないが……。

第102話 大工と白騎士，鏡の国の面子をかけて

　鏡の国の大工と白の騎士は，息抜きによその国を観光旅行中だ。博物館に寄ったときに，ちょっと面白いものを見た。完全な球形だといううわさの古代の純金製ボールである。

　そばで解説していた学芸員が，たまたま2人が鏡の国からの見学客と知り，相談を持ちかけた。「このボールは，古代の技術力を示す証拠の物件として非常に

貴重なのですが，純金製なので，何せこうして展示していても盗難などがないように，ひどく気を使うのです。できたら，この一般展示室には，模造代用品を置いて誰でもさわれるようにして，現物はもっと管理が厳格な特別室に納めておくのがよいと考えています。ところで，鏡の国の工芸技術の水準は非常に高く，このように完璧に近い球体の模造品もきわめて精巧に作れると聞いたことがあります。どうでしょう，そんなことが可能ですか？」

　自国の技術力をほめられて，少しうれしくなった2人である。国の威信をかけて大工が言う。「いやあ簡単ですとも。わしは，そのような技術を持った工場の主と付き合いがありますので，なんでしたらそのボールをお預かりしていって，精巧な模造品を作るように依頼してみましょうか」。

　だが，その言葉に，学芸員はとんでもないという口調で，「いえいえ，このボールは大変貴重なので，博物館から外へ出すなどということはとても考えられません」という。続けて「しかし，幸いに完全な球形といってよいですから，直径か半径がわかりさえすれば，全体を復元するなどは，お国の技術力をもってすれば簡単でしょう」。

　というわけで，球の半径か直径を示す材料だけを鏡の国に持ち帰れば，それをもとに試作できそうだということになったのだが，ここで問題が生じた。この国は，古代に比べて文明が後退していることは間違いなく，球の半径や直径を測るために使えそうな道具が何もないのだ。大工は職業柄，コンパスと定規だけは持ち歩いていたので，これらで何とかするほかない。

　こうして，騎士と大工の2人は古代ギリシャの人たちが取り組んでいたような問題に直面することになった。つまり，コンパスと（目盛りのない）定規だけで与えられた球の半径を紙の上に作図できるかという問題だ。学芸員は，あとできれいに拭き取るという条件の下で，純金ボールの表面に一時的に線を描くことは許可してくれた。ぜひ読者のみなさんのお知恵を拝借したい。

109

第102話の解答

　直径を測ることなど，例えばノギスのように平行な2枚の平面で球を挟むような道具があれば簡単だが，それなしでコンパスと定規だけで計測する方法を工夫しようという問題だ。

　ともかく，最初にできそうな唯一のことは，適当にコンパスの半径を取って球面の1点Aを中心に球面上に円cを描くことだ。球の中心OとAとを通る断面図を描いて考えるとわかりやすいかもしれない（下図）。

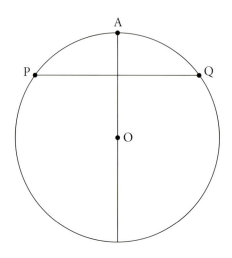

　円cと断面が交差する点をP，Qとしよう。図のAPとAQがコンパスの半径で，球面に描かれた円cの直径はPQだから，APの2倍よりやや小さい。APは開いたコンパスの半径だからわかっている。そこでPQを平面上に描くことができれば，その垂直2等分線を引き，Aを作図できる。そうすると3角形APQの外接円の中心としてOを求めることが可能になるので，球の半径AOが描ける。

　こうして，元の問題はPQを平面上に作図するという問題に帰着させられた。PQを描くために，円c上のどこかの点（例えばP）を中心にして，同じ半径の円c'をさらに球面上に描いてみよう。c'はAを通り円cと2点で交わるので，それをXとYとしよう。概略，右ページの図のようになる（読者は，これが平面図ではなく，球面上に描かれた図だということに注意されたい）。

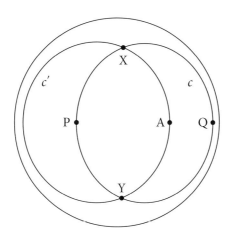

　ここで，P, Q, X, Yは円c上すなわち同一平面上にあることがポイントだ。そこで，コンパスの足の幅をXYに合わせて開き，まず線分XYを紙（平面）の上に写し取る。そしてコンパスの足の幅をAPに戻して，写し取ったXとYとを中心とする円をそれぞれ描けば，その交点としてPのコピーが平面上に得られる。最後に3角形XPYの外接円を描けば円cが平面上に復元され，その直径としてPQも得られる。

第103話 展示台の設計

　白騎士の工房をアリスが訪ねてみると，針金を曲げて作ったさまざまなフレームを部屋中に広げて，白騎士はその真ん中で考え込んでいる。アリスは，「あれ，散らかってますね。どうしました？　泥棒でも……」と言いかけて，いや，そんなはずはない。白騎士の工房には，何に使うのかわからない奇妙なものがゴタゴタとあるだけで，泥棒が食指を動かすような高価なものなどあったはずがないと思い直した。

　ところが，ふと工作台の上を見ると，ピカピカ光る金色のボールが何気なく置

いてある。「うわっ」と驚いたアリスをうれしそうに見て，騎士は「模造品じゃよ。いくらでも作れるぞ。だが，よくできているだろ」と言い，自分と大工が受けたよその国の博物館からの依頼について語った（第102話「大工と白騎士，鏡の国の面子をかけて」を参照）。

　「それで，そのデータをもとに試作したのがこれですか？　完璧ですね」と，あまりお世辞でもなく言うと，騎士は「王様も鏡の国の名誉だとお喜びだ。せっかくだからわが国の博物館にも模造品を展示するようにとおっしゃっていただいたので，その方法を考えていたところじゃ。ガラスケースの中に座布団を敷いて……とも考えたが，所詮模造品なのだから，そんな仰々しいことはやめて，針金で作ったフレームの上にポンと置いて誰でも触れるほうがよいと思ってのう。そのフレームの形を色々と考えていたのじゃ」。

　足元を見ると，単純な3角形の針金フレームが落ちていた。アリスがそれを拾い上げると，騎士は，「うーむ，そういうのを水平に張って，その上に置くだけというのも簡単で悪くないのだが，4点くらいで支えるほうが安定感があるかと思って4辺形のフレームを主に考えている」と周囲を見まわした。なるほど，4本の線分から成り閉じた輪を形成しているフレームがたくさんある。立体的なものがほとんどで，平板なものは少ない。

　「球を置いたときに4点で接するような形にするのが結構面倒でのう」と騎士。「ところで，うまく4点で接するようにできたときのことだが，奇妙なことに気がついた。フレーム自体はグニャグニャとしていて，同一平面に納まるとは限らないのだが，その場合でもどうも4つの接点はいつも1つの平面上にあるようなのだ。ということは，その平面が水平になるようにフレームを支えてやれば，球を置いたときの安定感が増すのではないかと思う」。

　さて，読者にはこの白騎士の観察が正しいかどうかを考えていただきたい。問題を要約すると，「各辺が同一の球に接する4辺形がある。このとき，その4辺

113

形自体は一平面に納まるものでなくとも，4つの接点は同一平面上にある」と言えるかどうかだ。

第103話の解答

　白騎士が気づいたことは正しいのだが，それを疑問なく納得するのは容易でないかもしれない。そこで，まず簡単な場合として，ただの3角形フレームの場合を考えてみよう。この場合，フレームが1つの平面内に納まるのは明らかだし，フレームがひどく大きくない限り，球を各辺に接するように置くことができることも直感的には自明だろうが，もう少し精密に状況を把握してみよう。

　この場合は，3角形フレームの内接円が重要だ。球の半径がこの内接円の半径より大きい場合，水平に置かれたこの3角形フレームの上に球を置けば，球はその緯線の1つがこの内接円に一致するような形で安定する。このときフレームが作る3角形をABCとしよう。また載せた球が辺AB, BC, CAと接する点をX, Y, Zとすると，これらは内接円が3角形と接する点でもあるから，AZ＝AX, BX＝BY, CY＝CZが成り立っている。

　必ずしも同一平面内に納まらない4辺形のフレームの場合でも，この事実が成立していることに気がつくことがポイントだ。つまり，4辺形フレームの端点を順にA, B, C, Dとして，線分AB, BC, CD, DAが同一球にX, Y, Z, Wで接しているとすると，AW＝AX, BX＝BY, CY＝CZ, DZ＝DWが成り立っている。要は，球外の一点から球面に接線を延ばした場合，その点から接点までの距離はどこも一定であるという当たり前の事実からの帰結だ。

　そのことだけからX, Y, Z, Wが同一平面にあるという結論が得られるのだが，それを納得するには，次のようなさらに巧妙な論法を使うとよいようだ。A, B, C, Dそれぞれに1/AX（＝1/AW），1/BY（＝1/BX），1/CZ（＝1/CY），1/DW（＝1/DZ）に比例する質量の質点を置き，これら4つの質点の重心を考えてみよう。質点AとBだけの重心はその質量のバランスから点Xである。同様に質点CとDだけの重心は点Zである。従って4つの点A, B, C, D全体の重心は線分XZ上にある。同様に質点BとCだけの重心は点Xであり，質点DとAだけの重心は

114

点Wであるから，4つの点A，B，C，D全体の重心は線分YW上でもあることがわかる。もちろん4つの点の重心はただ1つだから，このことは線分XZと線分YWが交わっていることを意味し，その結果，接点X，Y，Z，Wが同一平面上にあるという結論が導かれる。

第104話 モグラ国芸能団によるモグラ叩き芸

　これまでに何度か無限モグラ国で起きた事件について書いた（第22話「無限モグラ国の8の字ミミズ」，第70話「進化した8の字ミミズの逆襲」，第94話「「モグラ大学の卒業試験」，第95話「続・モグラ大学の卒業試験」）。今回はモグラ国から不思議の国に表敬にやって来た芸能団の話だ。

　団員のモグラたちは，地面の上に顔を出したり引っ込めたりということが瞬時にできる。それは，まさに神技の域に達していて，サーカスを見ているかのようだったが，最後に次のようなパフォーマンスがあった。

　団員たちは，はじめ四角いマス目に仕切られた広場の一部に，整然と長方形の形に隙間なく並んで顔を出していた。そこへ大きなハンマーを持ってピエロがやって来た。ハンマーには2つ連なったヘッドが備わっている。縦または横に連続

する3つのマス目で，真ん中と片端のマス目にはモグラがそれぞれ顔を出していてもう片端が空いているところを見つけ，ピエロは，その2匹のモグラ目がけて思いっきりハンマーを振り下ろす。すると2匹のモグラはパッと地面の下にもぐりこんでその攻撃をかわし，代わりに空いている3つ目のマス目に別のモグラが顔をのぞかせる。ピエロとモグラたちはこれを驚くほどの速さで繰り返した。ハンマーを振り下ろすたびに，2匹のモグラが地面の下に隠れ，新たに1匹が現れる。こうして顔を出しているモグラは1匹ずつ減っていき，最後の1匹だけになった。

　この最後に残ったモグラが実は団長で，芸能団の代表として不思議の国の観客に挨拶を述べたあと，全団員が再び地面から顔を出し一斉に深々と礼をした。

　これを見ていたアリスだが，ふと疑問に思い，隣にいたスペード兵士たちに問いかけた。「どうしてあんなにうまく最後に団長さんだけを残せるのかしら？あのハンマーのヘッドでは，連なっている2つのマスしか叩けないでしょ。だから最後に残る2匹が隣り合ったマス目にいないと，同時に2匹を叩くことができないわ」。

　すると，スペードのエースも同じ疑問を抱いていたようで，「うん，実際，3匹以上が隙間なく1列に並んでいるだけの場合だと，最初に叩くのは端の2匹しかないので，そこが2マス空いて，その先の空マスに新たな1匹が現れるよね。残りをどう叩いても，その1匹は孤立したままだから，1列ではうまくいかない場合が確かにある。でも2列以上ある長方形ならいつでも1匹だけを残すことができるのかな？」

　この辺で読者にも参加して考えていただこう。最初に $m \times n$（$m \geqq 2$，$n \geqq 2$）の長方形の形にモグラたちが隙間なく並んでいたとする。ハンマーで叩く順をうまく工夫すれば，このピエロを加えたパフォーマンスは，つねに団長1匹を残す形で終わることができるのだろうか？　いつでも可能ならそれを証明していただきたい。不可能な場合があるなら，どういう m, n の組み合わせに対してうまくいかなくなるかを教えてほしい。

117

第104話の解答

　読者はペグソリテアというパズルゲームをご存知だろうか？　おそらくどなたも子供の頃に一度くらいは遊んだことがあろうかと思う。一番普通の形は，格子点の上に様々な形にペグを配置しておいて，ペグ同士が互いに縦・横方向に飛び越し，飛び越されたペグを取り除いていくことで，目標の配置にするというゲームだ。ペグが飛び越せるのは，自分の隣りにあるペグだけだし，行き先のマスが空いていないと飛び越すことができない。

　ここまで説明すれば，もう読者はお気づきだろう。実は，モグラ叩きのルールは，モグラの位置だけに着目すれば，見た目こそ違って見えても，ペグソリテアとまったく同じ動きなのだ。要は，長方形状に隙間なく配置されたペグをどうすれば1本だけにすることができるかというペグソリテアの問題と同じだ。

　さて，実際に少し考えてみよう。$2 \times n$の配置から始めると$n = 2$のときは，モグラを1匹だけにすることは誰でも簡単にできよう。だが，$n = 3$のときはなかなかうまくいかない。$n = 4$，$n = 5$の場合は，誰でも簡単というわけにはいかないだろうが，いろいろやってみていただきたい。そのうちに成功するはずだ。ところが，$n = 6$ではうまくいかない。同様に$n = 7$，$n = 8$の場合は（簡単ではないかもしれないが）うまくいき，$n = 9$は難しい。ここまでを整理すると，$2 \times n$の配置からの場合，nが3の倍数以外だと，モグラ叩きにより，モグラを1匹だけにすることができるが，3の倍数だとできそうもない。

　では，$3 \times n$の場合はどうだろうか？　$n = 2$の場合は，2×3の縦横を入れ替えただけだからうまくいきそうにない。ところが，読者にも少し試してみていただきたいが，$n = 3$，4，5，…と増やしてもうまくいきそうにないのだ。こうして$3 \times n$は駄目だろうという予想になる。

　次に4×4を試していただきたい。これも，簡単というわけにはいかないかもしれないが，うまいやり方がやがて見つかるだろう。この辺で大胆な予想をたててみよう。すなわち「nとmのどちらも3の倍数でなく2以上であれば，モグラ叩きでモグラを1匹だけにすることができる。どちらかが3の倍数ならできない」というものだ。

　実はこの予想は正しい。その証明だが，うまくいく場合を証明するのもそれほ

ど易しくはないが，こちらはモグラ叩きの手順を構成すれば済むので，概略のアイデアを示し，細かい部分は読者に補っていただこう．基本的アイデアは，最初の配置の長方形の隅のほうから 2×3 と 1×3 という小さいサイズの（モグラのいる）長方形を剝ぎとっていくことだ．これは，無条件にできるわけではないが，1×3 の場合，その上下に空マスとモグラがいるマスがあれば下の図のようにして可能だ．図で「も」が書いてあるマスがモグラが顔を出していることを示し，空白は空マスを示す．マス目が描いてない箇所は，操作途上で変更を受けることがないのでモグラがいてもいなくてもどちらでもよい．

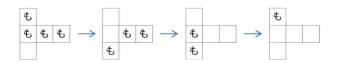

長辺方向にモグラのいる補助マスがあれば，2×3 マスを剝ぎとることも，例えば下の図のようにすればできる．図の最後の段階は，先の 1×3 マスけずりを縦方向に行えばよい．

mn が3で割り切れないなら，どんな $m \times n$ の配置に対しても，このようにして，モグラが顔を出しているマス目を 1×3 または 2×3 単位で減らしていくことで，最終的には 1×2，2×2 の配置に帰着させることができるのだ．具体的な手順は m, n により微妙に違いがあるので，読者各自で確認されたい．

もっと難しいのは m か n が3の倍数の場合にうまくいかないことの証明だ．先の手順で3マスまたは6マスずつモグラのいるマス目を減らしていっても，モグラのいるマス目の数はいつも 3 の倍数だから，1×2，2×2 の配置に帰着するこ

とはない。しかし，別のうまい叩き方があって，最終的に1匹だけを残すことができないとは限らない。mnが3の倍数のときこれが不可能だということを示すには，例えば次の不変量を使うのが巧妙だ。

今，mかnが3の倍数のとき，うまい手順でモグラ叩きを進めれば1匹だけを残すことができると仮定しよう。そのモグラのいるマス目をAとして，Aのすぐ上の行のマス目すべてに○をつける。また，Aのすぐ左の列のマス目にもすべて○をつける。さらにそれを延長して繰り返し，上下左右とも3行目ごとにすべてのマスに○をつけると，下図のような格子模様になる。

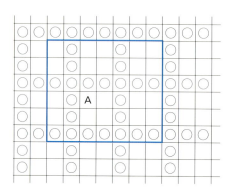

さらに，元のモグラの配置マスがどうだったかを図の上に青い枠線で描いてみる。例えば6×7の配置だった場合，上のような枠が描かれることになる。ここで重要なのは，この6×7枠が図のどこに描かれようと，枠内の○のついていないマス目の数は偶数個だということだ。それは，6が3の倍数だからであり，一般には$m \times n$の枠を上のような図中に描くと，mかnのどちらかが3の倍数である限り，枠内の○のついていないマス目は必ず偶数個である。

次にモグラ叩きを考えよう。縦横に連続する3つのマスを先の図のどこから選ぼうと，3つとも○マスか1つだけが○マスかのどちらかだということはすぐに見て取れよう。そのような状況でモグラ叩きを行うことを考えると，次のいずれかが起こる。

・○マスを2つ叩き，もう1つの○マスからモグラが顔を出す。
・○マスと非○マスを1つずつ叩き，もう1つの非○マスからモグラが顔を出す。
・非○マスを2つ叩き，○マスにモグラが顔を出す。

非○マスに顔を出しているモグラの数がポイントだ。はじめの2つのケースではその数が変化しないし，第3のケースではその数が2減る。いずれにせよ1だけ減るということはない。従って，非○マスに顔を出しているモグラの数の奇偶性が，モグラ叩きに関する不変量になる。最初は偶数匹が非○マスに顔を出していたのだから，モグラ叩きがどう進行してもその数が奇数になることはない。しかるに，最終的にモグラがAのマスだけに残るということはその数が1になるということだから，モグラ叩きを繰り返しても決してその状況は作り出せないことがわかる。

第105話 騎士同士のナイトツアー対決

　アリスが東ナイト駅近くの白騎士行きつけの喫茶店へ行ってみると，案の定，白騎士が来ていた。珍しいことに，コーヒーを飲みながらただくつろいでいるわけではなく，赤騎士を相手に何やらゲームをやっている様子だ。ゲームやパズルが大好きなアリスは，ワクワクしてのぞき込む。ところがゲームはというと，通常のチェス盤の上にナイトの駒が1つ載っているだけで，2人は交互にその駒をつまみ上げては動かしている。普通と違うのは，動かしたらナイトが元いたマス目にコーヒー豆を1粒置いていくことである。何度か動かしているうちに，盤面は半分以上がコーヒー豆で埋まり，赤騎士が「参りました」と負けを認めた。

　アリスは，ここぞとばかり，どういうゲームなのかを尋ねる。

　「ふむ，たいしたルールではないがの」と白騎士。「先手が最初にチェス盤の上のどこか好きなところにナイトの駒を置く。後手はその駒を普通のナイトの動きでどこかへ動かす。あとは交互に同じように動かしていくだけじゃ。ただし，前にいたことのあるマス目を再訪することは禁じられているので，それを覚えておくために，そういうマス目にはコーヒー豆を置いていく。当然，ナイトが動ける場所はだんだん少なくなっていくので，最初に動けなくなった側が負けというわけだ」。

　こうしてアリスは騎士たちとしばらくこのゲームを楽しむことになった。そこで，読者にも遊んでいただこう。このようなゲームではもちろん先手か後手のどちらかに必勝法が存在するが，どちらに必勝法があるかを考えていただきたい。もし先手が必勝なら

ば，最初にナイトを置く位置はどこがよいだろうか？

また，このゲームを別の駒でやったらどうなるだろうか？　例えば，ルーク，ビショップ，クイーン，キングではどうか？　将棋の金将，銀将，桂馬，香車ではどうなるだろうか？　さらには（8×8の）チェス盤ではなく（9×9の）将棋盤で同じゲームをやったらどうなるだろうか？　ちょっと驚くことかもしれないが，動きの違うこれらのゲームのほとんどすべてが，類似の戦略で一斉に片づけられるのだ。

チェスや将棋を知らないという読者もおられようが，各駒の動きについては，色々な文献で調べられるし，インターネットで検索することもできよう。

第105話の解答

　表題の「ナイトツアー」という言葉が聞きなれないという読者がおられるかもしれないので，その簡単な説明から始めよう。

　チェスのナイトは，将棋の桂馬の動きを四方八方にできる駒で，途中に邪魔な駒があってもそれを飛び越して進めるという特徴がある。ただ，あるマス目から別のマス目に行こうとすると，そのルートが簡単にはわかりにくい面がある。そこで，その難しさを生かした問題として8×8のチェス盤上の全マスを1回ずつ訪問するような経路を問うというパズルがある。これがナイトツアーという問題で，グラフ理論でいうハミルトン路問題の一種である。

　一般のグラフの場合はNP完全という大変な難問のクラスに属するが，ナイトツアーという特殊形に限っては，すでに多くの研究がなされ，元の8×8はもちろん，色々なサイズや形の盤の上で，問題が解かれている。今回の問題は，全マス目を1回ずつ訪問しろというようなものではないが，かなり深い関わりがあるので，表題に使わせていただいた。

　さて，動きの多いナイトのような駒で最初から考えるのは，厄介なような気もする。まず将棋の桂馬と香車から始めることにしよう。これらの駒はバックや横への動きが不可能だ。だから，盤面にかかわらず先手必勝であることがすぐにわかる。先手はこれらの駒を行き場所のない先頭の段に置けばよい（通常の将棋のルールでは，これらの駒がこの位置に来たとき，そのままでいることは許されず，必ず「成ら」なければならないが，ここではとりあえずそのルールは採用しないでおく）。

　それ以外の駒の場合を考えよう。どの駒もバックや横への動きが可能だから，初めから行き場所のないところに置くという先手の戦略は無効だ。

　まず，ルーク（将棋の飛車），クイーン，キング（将棋の王将），金将の場合だが，これらの場合はいずれも，8×8の盤面では後手必勝，9×9の盤面では先手必勝になる。駒の動きが違うので，同じ結果になるのは不思議な気がするかもしれない。ポイントは，どの駒も左右前後の隣のマス目への移動が可能なことにある。例えば8×8の盤面での後手の戦略だが，次の図のように盤全体をドミノで敷き詰めて考えるとわかりやすい。

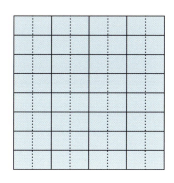

　後手の戦略は，先手がどういう手を指そうが，自分の手番では駒を今いるドミノ内で（つまり点線を挟む隣のマス目に）移動するということである．後手がこの動きを続けている限り，（すでに訪問したマス目を再訪できないということから）初手も含めて先手が自分の手番で駒を置くのは，常に新しいドミノのどれかを選んでその一方のマス目ということになる．後手は，同じドミノのもう一方のマス目に駒を移動させることになるから，決して手詰まりになることがない．したがって，先に手詰まりになるのは先手ということになる．この戦略は，一般に $m \times n$ の盤面においても m か n が偶数であれば有効だから，そのような盤面も後手必勝である．一方 m と n がともに奇数の場合，右下のマスを除いて盤面全体をドミノで敷き詰めることができる．例えば 5×5 の場合，下図のようだ．

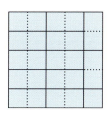

　したがって，先手は，最初に右下のマス目に駒を置き，あとは常にドミノ内でのみ駒を動かすようにしていれば，自然に勝つことができる．ドミノ戦略が使えるのは左右前後に動ける駒の場合だけだが，類似の戦略は他の駒にも有効だ．例えばチェス盤の場合，ビショップや銀将なら次ページの図Aの左のように，ナイトなら右のように，マス目を2つずつ対にして考える．

a	A	b	B	c	C	d	D
A	a	B	b	C	c	D	d
e	E	f	F	g	G	h	H
E	e	F	f	G	g	H	h
i	I	j	J	k	K	l	L
I	i	J	j	K	k	L	l
m	M	n	N	o	O	p	P
M	m	N	n	O	o	P	p

図A

a	A	b	B	c	C	d	D
e	E	f	F	g	G	h	H
A	a	B	b	C	c	D	d
E	e	F	f	G	g	H	h
i	I	j	J	k	K	l	L
m	M	n	N	o	O	p	P
I	i	J	j	K	k	L	l
M	m	N	n	O	o	P	p

　同じ文字が書いてあるマスどうしが対である。左の図ではビショップや銀将が，右の図ではナイトが，対の一方のマス目から他方のマス目へいつも移動可能なことがみそだ。つまり，後手は，先手の動きの結果駒がどの位置に来ようと，次の自分の手ではこの対どうしの間で駒を移動するという戦略を取ることで簡単に勝つことができる。

　mとnがともに偶数でどちらかが4以上であれば，$m \times n$の盤面では，駒がビショップ，ナイト，銀将のいずれであっても，この戦略を一般化することで後手が勝てることは自明だろう。ビショップやナイトの場合なら，mとnの一方が奇数で他方が偶数の場合も，盤面が十分広ければ，それを同様な対に分割することができるので後手勝ちである。5×4の盤面のそのような分割の1つを下に示そう。左がビショップの場合で右がナイトの場合だ。駒がビショップの場合，eマスやjマスのように斜めにすぐ隣り合っていなくても対を作れることが重要で，銀将の場合はこうはうまくいかない。

a	b	c	d	e
b	a	j	c	d
i	h	e	f	g
j	i	h	g	f

a	b	c	d	e
i	j	a	b	c
h	g	f	e	d
j	i	h	g	f

　一方，mとnがともに奇数の場合，盤面が十分広いと，それを対に分割して，最後に1マスだけを残すことができるので，先手は最初にそのマスに駒を配置し，

あとは対の一方から他方への移動を繰り返すという戦略が取れる。よって先手勝ちである。ビショップとナイトの場合に5×5の盤面のそのような分割を示そう。これも左がビショップの場合で右がナイトの場合だ。

A	a	B	b	C
a	A	b	C	d
B	c		d	D
c	E	e	F	f
E	e	D	f	F

b	c	a	d	e
a	l	b	c	f
j	k		e	d
l	i	h	f	g
k	j	g	i	h

　上の図に従えば，先手は最初に駒を中央の空白のマスに置き，あとは同じ文字が書かれているマス間で駒を動かしていれば勝つことができる。駒が銀将でnかmが奇数のときは，盤面を上のような対に分割することが簡単ではないから，どちらが必勝かの判定は容易でない。

　最後に，駒が香車や桂馬で，ある領域に入ったら「成る」ことが許される（あるいは「成ら」なければならない）とき，ほとんどの場合で，盤面全体のマス数が偶数なら後手必勝，奇数なら先手必勝になる。その場合の必勝側の戦略のコツは，なるべく早い機会に「成って」，その後は盤面のまだ訪問していないマス目全体をドミノに分割して考えることだ。

第106話 トランプ王国の故宮を復元せよ

トランプ王国の考古学部門からイモムシ探偵局に調査依頼が来た。今のトランプ王宮からはずいぶん西に王国発祥の地があり、大きな宮殿が建っていたらしい。可能ならばその宮殿を復元したいというわけだ。内部の様子もよくわからないのだが、とりあえず、その正確な位置を特定したいというのが調査内容だ。
　古文書によれば、故宮は完全な正方形をしており、一部の共用スペースを除け

129

ば，各辺に沿って，クラブ・ダイヤ・ハート・スペードの王室がそれぞれ自由に様々な施設を作って利用していたらしい。

グリフォンがアリスを伴って現地の視察に行ってみると，もうそこは文字通り何も残っていないような状態だったが，各王室の玄関跡だと認められる場所が4カ所あったので，その位置を下の図のように地図の上に印して，あとは探偵局で検討しようということになった。

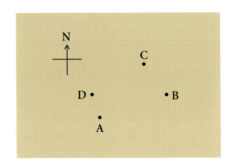

2人の報告を聞いてイモムシが言う。「玄関がそれぞれ宮殿の外壁4辺の上にあったことは間違いないと……なら簡単さ。それぞれの玄関を通り，東西南北に直線を引けばよいのではないか？ こんな風に」。

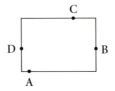

「話を聞いてたんですか？」とあきれてアリス。「宮殿は正方形の形をしてたんですよ。これのどこが正方形ですか。それに外壁が東西南北の方向に走ってたなんて，誰も言ってないじゃないですか。ピラミッドじゃあるまいし」。

イモムシは「なんじゃそのピラミッドとは？」と言いかけたが，また叱られそうな気配に，「これを少し斜めに傾ければ……」とだけつぶやいてあとは口をつぐむ。「そう」グリフォンが助け船を出した。「問題は，どうすれば傾き加減がわかるかだが，正方形になるには……」と熟考に沈む。

というわけで，読者にも考えていただこう。地図の上に故宮の外壁の跡を作図

していただきたい。定規とコンパスだけでできるはずだが，手段は制限しない。

次には，もし王室がクラブ，ハート，スペードだけで，宮殿が正三角形の外壁を持っていた場合について，類似の問題を考えていただきたい。その場合，3つの玄関位置だけでは外壁はただひとつには決まらないが，宮殿の敷地面積が最大になるように外壁を定めていただきたい。

最後に，面積が出てきたところで，もうひとつ作図問題を。下図のように角Aとその内部の点Pが与えられたとする。Pを通る線分を引いて三角形ABCの面積を最小にするには点B, Cをどう決めればよいだろうか？

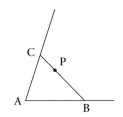

第106話の解答

　最初の正方形を復元する問題だが，このパズル自体は結構古いものだ。筆者が問題を最初に知ったのは，中村義作氏が書いた『選びに選んだスーパーパズル──世界の名作・難問100』（講談社）の第1問として選ばれていたからだ。この本は「選びに選んだ」というだけあって良問の宝庫なのだが，出版が1986年で今日では見かけない……と思っていたら，つい最近出版された同社のブルーバックスシリーズの『世界の名作 数理パズル100』がその復刊だと知った。このような良書がまた読めるようになるのは大歓迎である。中村氏によれば，1926年のデュードニー（H. E. Dudeney）の「Modern Puzzles」がさらなる原典だそうだが，この書物となると残念ながらさらに入手が難しい。

　良問とはいえ，このような古いパズルを題材としたのは，忘れ去られるのが惜しいような名作だと思っていたこともあるが，デュードニーが与えたものとはまったく異なる別解があることをつい最近知ったからだ。まずはデュードニーの解を紹介しよう。次の図をご覧いただくのが早いだろう。

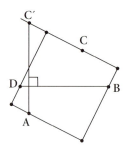

　まず線分DBを引く。次にAからDBに垂線を下ろし，それを延長して，DB = AC′となるように垂線上に点C′をとる。すると，このC′とCを結ぶ直線が復元したい正方形の1辺を構成するのだ。こうなるとあとは簡単だ。Aを通りCC′に平行な直線がもう1辺となり，Bを通りCC′と直交する直線，Dを通りCC′と直交する直線が残りの2辺となる。

　この作図法を自分で見いだすのは相当の難問と思う。しかし，良問の常として，いったん解が与えられれば，それが解となっていることを納得するのはさほど難しいことでもないから，この作図が解となることの証明は読者にお任せしよう。

さて，私事になり恐縮だが，筆者はここ10年くらい，筑波大学付属駒場中・高等学校（通称は筑駒）の数学ゼミナールにおいて助言を行うという役割を務めている。同校は文部科学省のスーパーサイエンスハイスクール（SSH）指定校なので，研究授業の一環として，先日中学3年生の幾何の授業を公開した。

実はそのとき扱った問題が上記の作図問題だ。このような難問を中学生に与えるということも驚きなのだが，さらに驚いたのは，このときの模範解として先生方が用意したのが，次のようなまったくの別解だったことだ。

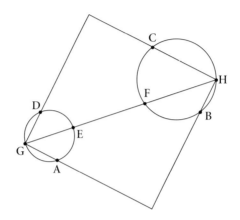

まず，ADとBCを直径とする円をそれぞれ描く。次に，円弧ADの中点E，円弧BCの中点Fをそれぞれ正方形の内側にとり，直線EFが円弧AD，BCと再度交わる点をG，Hとする。あとは，直線GD，GA，HB，HCを引けばそれが求める正方形の4辺となる。この解もことさらに解説は要らないと思うが，ひとことヒントを述べるなら，弧AEが円周の1/4なのでそこに立つ円周角AGEが45°になることがポイントだ。円周角に関する知識が必要だが，デュードニーの解と比べてもエレガントさにおいて遜色がないと思う。

先に述べた研究授業では，生徒たちはこの2つの解に非常に近いところまで迫っていたし，さらに第3，第4の別解までも導きそうな勢いだった。このように考え方の異なる複数の解を楽しみ，ましてそこに生徒たちを導くことは教育者としての醍醐味に違いない。

次の最大の正三角形を問う問題も中村氏の本にあり，その第93問である。実は，こちらは先の問題の2番目の解を知っていると解きやすくなると思われる。これ

も図解するのが早いだろう。

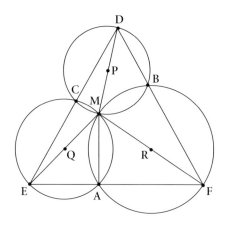

　A，B，Cを与えられた玄関の位置とする。図のように線分AB，BC，CAに対して，それらを弦として中心角120°でのぞむような円周を描く。この3つの円周は1点で交わるのでそれをMとする（ちなみに，このMはフェルマー点と呼ばれ，線分AM，BM，CMが互いに120°で交わる。またシュタイナー点とも呼ばれAM＋BM＋CMが最小値をとる。つまり，他の任意の点をPとするときAM＋BM＋CM≦AP＋BP＋CPが成り立つ）。各円にMを通る直径を引き，Mの対蹠点をD，E，Fとすると，DEFが題意を満たす面積最大の正三角形となる。例えば角Dが60°となるのは弧BCが円周の1/3だからであり，他の角も同様だ。またEFがAを通ることと面積が最大となることはAMがEA，AFと直交することからわかるが，細かい議論は読者に補っていただこう。

　このコラムの大先輩にあたる一松信先生から，各円の中心を結ぶ三角形PQRは正三角形になり，その事実はナポレオンの定理として知られていることをご指摘いただいた。さらに先生は，A，B，Cを通る3本の直線で，それぞれQR，RP，PQに平行なものを引くことで（つまりPQRを2倍に相似拡大する形で），この問題を解いておられた。これも素晴らしい別解であり，P，Q，Rを作図することが避けられないとすれば，Mを作図しなくて済む分，最も簡潔な解といえるかもしれない。

　最後の問題も筑駒校の先生の作品である。同校では先生方が作られた問題を開発教材集として冊子にまとめておられる。これも良問の宝庫なので，その中から

パズルとしても面白い面積がらみの問題を1つ紹介させていただいた。前問もそうだが，この種の問題のポイントは，面積が最大とか最小とかいうのがどういうことなのかを，別の観点から見ることができるかということにある。前問では面積を最大化する鍵はAMとEFを直交させることにあったが，この最後の問題の場合，BP = CPとなることが面積最小のための条件だと気づけば，作図法は自ずから明らかだろう。

　例えば，下図のようにAPをP方向に延長してAP = PQなる点Qを描く。あとはABQCが平行四辺形になるようにB，Cをとれば終了である。作図法が与えられてみれば，このようなB，Cが最小の面積を与えるということは，ほとんど自明である。

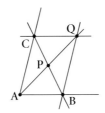

　下図のように少しずらしてB′，C′をとってみると，三角形CC′Pと三角形BRPとが合同なことから，三角形ABCと四角形ABRC′は同面積であることがわかり，三角形AB′C′はそれより大きい。

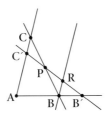

　なお，一松先生からは，この問題にも上と少しだけ異なる別解をいただいた。

135

第107話 平等な綱引き

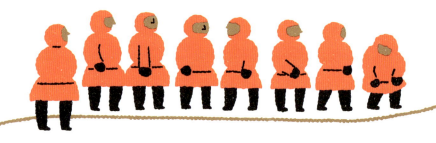

　赤の女王と白の女王が談話室で相談していた。近いうちに親睦と健康増進をかねて赤王室，白王室の対抗運動会を開こうということになっており，両王室とも各競技ごとに次々と代表選手を定めつつあったが，話題は双方のポーンたちが全員参加で行う綱引きの件だ。

　赤の女王が言う「白の陛下もご存じのことと思いますが，どうもこの綱引きという競技は，力比べとは申せ，何やら体重がものを言うらしいですね」。

　「わらわもそれは聞いたことがあります」と白の女王。「力が強くても体重が軽いと，引いたとき自分の体が相手のほうに引き寄せられてしまうと……」。

　「そこで相談ですが，場合によっては，ハンディを付けられるように，選手たちの身体測定をしておいてはいかがなものでしょうか？」

　ということで，（体重を測ればよさそうなものだが，何事にもちぐはぐなチェス王国の常で）ポーンたち全員の身長を測定してみた。ポーンたちはいずれも同じような背格好に見えるが，実は微妙に身長が違っており，その順に16人全員を並べるときれいな等差数列になることがわかった。しかも，赤のポーンたち8

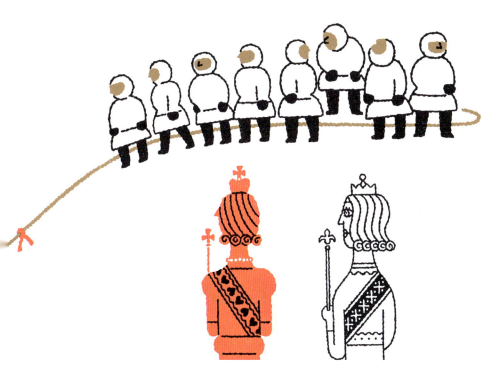

人の身長の合計と白のポーンたち8人の身長の合計とは見事に一致した。

これでハンディなし勝負ということで一件落着かと思うと、こだわり屋の白の王から「いやいや、身長ではなく体重が大事なんじゃろう」とクレームが入った。そこで「では体重測定を」ということになるかと思いきや、「形が相似ならば、体重は身長の3乗に比例するはずじゃ」と妙に数学的なことを言う。しかし、それならあらためて体重測定するまでもなく計算だけで済む。というわけで、ポーンたちの身長の3乗を計算してみると、赤白の合計はまたまた見事に一致し、晴れて問題は氷解した。

あとでその話を聞いて、気になったアリスが試しにポーンの身長の2乗の和を計算してみたところ、驚いたことに赤の合計と白の合計は、また同じだったという。

さて、読者に考えていただきたいのは、こういうことが起こるには赤白のポーンたちの身長がどういう分布になっていればよいかということだ。もちろん、等差数列をなすと言っても公差が0（すなわち全員の身長が同じ）ということはない。

第107話の解答

　ポーンを身長順に並べ，背の低い順にp_0，p_1，…，p_{15}とすると，身長は等差数列をなすというのだから，p_iの身長は$a+id$と書ける。結果だけをまず述べるなら，例えばp_0，p_3，p_5，p_6，p_9，p_{10}，p_{12}，p_{15}を白のポーンとし，p_1，p_2，p_4，p_7，p_8，p_{11}，p_{13}，p_{14}を赤のポーンとすれば，問題で述べた状況になる。地道に計算すれば，それは容易に確かめられよう。実際，赤と白のポーン8人の身長の合計は，それぞれ$8a+60d$で等しい。また，8人の身長の2乗と3乗は，どちらもそれぞれ$8a^2+120ad+620d^2$と$8a^3+180a^2d+1860ad^2+7200d^3$となり，やはり等しい。

　しかし，この赤白への分類をやみくもに行って結果をチェックするのは，いかに計算機の時代に入っているとはいえ容易ではなかろう。等差数列ということからくる対称性をうまく利用して，いかに面倒な計算を避けて分類するかということがこの問題の課題といえる。

　もし等差数列を作るポーンが4人だけで，それを2人ずつのチームに分けて身長の合計を等しくするというのが課題ならば，p_0，p_3のチームとp_1，p_2のチームに分ければよいことはほとんど自明だろうし，それ以外の分け方などありそうもない。だが，その場合は，2乗の合計や3乗の合計を等しくすることはできない。チームの人数が8人ずつなのはそれを可能とするためであり，実は，長さ2^kの等差数列を2^{k-1}個の要素からなるグループに2分割し，それぞれの合計とさらに2乗合計から$k-1$乗合計まですべてを等しくできるのだ。ポーンの問題は$k=4$のケースにすぎない。

　さて，この種の問題を処理するのに有効なのは，やはり数学的帰納法である。いま長さ2^kの等差数列$S=\{p_0$，p_1，…，$p_{2^k-1}\}$ があるとき，それを2^{k-1}個の要素からなる2つのグループWとRに分け，合計から$k-1$乗合計までのすべてを等しくできるとしよう。$k=2$の場合に，これが成り立つことは既に上に述べた。

　記述を簡潔にするために，多項式$p(x)$ に対して，その$x\in X$に関する合計$\sum_{x\in X}p(x)$ を単に$\sum p(X)$ と記すことにする。例えば$X=\{1, 2, 4\}$なら$\sum p(X)$ $=p(1)+p(2)+p(4)$ だ。すると，先のWとRに関する条件は$\sum W=\sum R$，$\sum W^2$ $=\sum R^2$，…，$\sum W^{k-1}=\sum R^{k-1}$と書ける。ここで気づいておくべきことは，この

138

条件から，どんなk次未満の多項式$p(x)$に関しても$\sum p(W) = \sum p(R)$が導けるということだ。その証明は，多項式を各項にばらすだけだから，わざわざ記すまでもあるまい。

　帰納法の次の段階に進もう。長さ2^{k+1}の等差数列$S' = \{p_0, p_1, \cdots, p_{2^{k+1}-1}\}$（公差$d$）が与えられたとする。その前半$S = \{p_0, p_1, \cdots, p_{2^k-1}\}$に帰納法の仮定を適用し，それを$W$と$R$に分割する。やはり記述を簡潔化して，集合$\{x + c \mid x \in X\}$を$X + c$と記すことにすると，$c = 2^k \cdot d$とおけば$S' = S \cup (S + c)$と書ける。また，$W' = W \cup (R + c)$，$R' = R \cup (W + c)$とおくと，$W'$と$R'$はどちらも$2^k$個の要素からなり，$S'$の分割を定める。あとは，$W'$と$R'$が求める分割となることの証明だが，これは易しい。明らかに

$$\sum W'^i = \sum W^i + \sum (R + c)^i$$

$$\sum R'^i = \sum R^i + \sum (W + c)^i$$

だが，$i < k$ならx^iも$(x + c)^i$もk次未満の多項式だから，帰納法の仮定より$\sum W'^i = \sum R'^i$だ。また，$i = k$なら，$(x + c)^k$はx^kとk次未満の多項式$q(x)$の和の形に書けるので，

$$\sum W'^i = \sum W^k + \sum R^k + \sum q(R)$$

$$\sum R'^i = \sum R^k + \sum W^k + \sum q(W)$$

となり，同様に帰納法の仮定より$\sum W'^i = \sum R'^i$だ。

　以上の考察をもとに，p_iを赤白に分けたものが冒頭に述べた解である。ポーンが32人いた場合に，それを16人ずつのグループに分け，4乗の合計まで一致させることも，今やもう容易であろう。

第108話 続・ヤマネたちの安心領域

　グリフォンがパズルのネタを考えながら，トランプ宮廷の庭をブラブラしていると，お茶会3人組がぼんやりと遠くを眺めているところに通りかかった。
　「おや，いつものお茶会の会場でなくこんなところで……」と思っていると，帽子屋が「今日は，こいつの付き合いさ」と顎をしゃくってヤマネを示す。三月ウサギも迷惑そうに「今日はいい天気だからというんで，姪たちにどこか外に連れてってほしいとねだられちゃったらしい。まったく，甘々の叔父ちゃんだからな，こいつは」。
　なるほど，3人組の視線の先には，7人の姪たちが思い思いに遊んでいるのが見える。といっても，第29話「ヤマネたちの安心領域」（『パズルの国のアリス　美しくも難解な数学パズルの物語』）でも書いたように，姪たちはそろって目が

悪く，互いの姿が見えないと不安になることから，3人が前もって描いた直径100mの円の中にとどまるようにしている。しばらく見ていると，中でもサンデイとマンデイは円のちょうど両端に行き，いまにも円からはみ出しそうになった。

ヤマネが2人に注意を与えようとしたが，何を思いついたか，グリフォンがそれを制し，サンデイとマンデイにそのままじっとしているように言うと，サンデイの位置まで走っていき，そこから曲線を円内に描き始めた。曲線はグニャグニャと曲がりくねりながらも円内だけを通ってマンデイの位置までつながった。

「これでよし」とグリフォン。「さて，サンデイちゃんとマンデイちゃん，この曲線に沿って歩いてきてごらん。うまく歩いてきて，2人が握手できたら，ご褒美をあげよう」。

「え，そんなの簡単でしょ」という2人の顔を見て，急いで付け加える。「あ，ただしね，2人の直線距離は，今ちょうど100mだけど，その距離は次第に近くなる一方であり，いったん近づいたのがまた遠ざかるなんてことがあってはいけないことにしよう。あとね，2人とも曲線を離れてはいけないけど，進んだり戻ったりしてもいいし，1人が動いている間にもう1人が止まっていたりするのはかまわないよ」。

読者に考えていただきたいのは，サンデイとマンデイの2人が褒美にありつけたかどうかである。グリフォンがどういう曲線を描こうと，2人が協力してうまく歩けば，握手可能な位置まで来られるということならば，そのことを証明していただきたい。逆にグリフォンが意地悪な曲線を描けば，上の条件下でどう動いても2人が握手するのが不可能だというなら，その意地悪な曲線を具体的に描いていただきたい。

問題をあえて数学的に述べれば，円周上の対蹠点対と円内を通りそれらを結ぶ曲線が任意に与えられたとき，その2点を起点として曲線上を連続的に動く動点対は，距離が非増加という性質を満たしたままで，互いに好きなだけ近づくことができるかということだ。

第108話の解答

　曲線上を進んだり戻ったりあるいは止まったりということが自由なので，そこをうまく利用すれば，距離の非増加条件を満たしたままでも2人は十分に近づくことができそうな気もする。しかし，それは錯覚であり，ひどくくねくねした曲線であれば，非増加条件を満たしたままでは2人が好きなだけ近づくことなどできない。問題は，具体的にそのような曲線を見つけることと，その上をいくら行ったり来たりしても非増加条件を満たす限り，それ以上には近づけない限界の存在を示すことだ。

　実は，そういう曲線を具体的に見つけることは，かなりぐにゃぐにゃしたものであればさほど難しくもなさそうだ。だが，非増加条件を満たしたままではある距離以内に近づけないことを証明するのは，勝手に描いたぐにゃぐにゃした曲線では面倒そうだ。

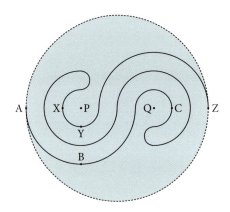

　その目的には，上図のような円弧だけをつなげて作った曲線を考えると都合がよい。外側の点線は，ヤマネの姪たちのいる直径100mの円を示す。曲線の主な構成要素はPとQを中心とし，10mずつ隔たった三重の同心半円だ。

　最初，サンデイはAの位置にいて，マンデイはZの位置にいるとする。非増加条件を満たしたままでは2人が決して距離20m以内に近づけないことを証明しよう。

　2人が握手できる位置まで近づけるとしたら，2人とも曲線から離れることが

できないのだから，ある時点でサンデイがCの位置まで来るか，マンデイがX の位置まで来ていなければならない。議論は対称なので，サンデイが先にCまで 来たとし，その時刻をtとしよう。マンデイはその間，XからZに至る曲線のど こかにいるわけだから，例えばYとBのように，2人の距離が20mになる瞬間が t以前にある。距離が非増加という条件を保つ限り，その時点よりあとでは，サ ンデイがCに至るまでマンデイは後戻りするほかなく，サンデイがCに着いた ときにはZに戻っていなければならない。

そしてサンデイがCより先に進もうとすれば，明らかに非増加条件が破綻す る。サンデイが逆戻りしてマンデイがXより先に進もうとしても同じだから， 20mは非増加条件を保ったまま近づける限界ということになる。

第109話 宅配便の料金はなるべく安く

　ヤマネは，外国に滞在中の兄から，愛用のスキー板を送ってくれるように頼まれた。兄はどうも雪国にいるようで，パウダースノーを楽しむチャンスということらしい。ヤマネの兄は種族の平均からするとずいぶんと大柄だが，それでもその体長に合うスキー板はかなり短いから，貸しスキーでそういうのを探すのは面倒だし使い慣れた板でないと調子が上がらないということのようだ。

　それで姪（つまり兄の娘）たちに手伝わせ梱包すると，幅は無視できるほどだが，長さは50cm程度の荷物になった。兄が急ぐというので国際宅配便の業者に持ち込むと，その業者の宅配料金制度は変わっていて，送り先や体積，重量に関係なく，荷物を箱に詰めて，その箱の縦・横・高さのうち一番長いものに比例するという。

　そこでヤマネが近くにあった長さ50cm強の細長い箱に荷物を詰めようとすると，姪のサンデイからストップがかかる。「ダメよ，叔父ちゃん。そんなのに入れたら高くついちゃうわ」と言って，1辺30cmほどの立方体の箱を探してきた。荷物を対角線方向に斜めに入れるとうまくおさまり，「ほら，これで3割以上安くなるわ」。

　それで満足していると，マンデイがどこから持ち出してきたのか，宅配業者一覧表を片手に，「ねえ，待ってよ。このカタログにある別の業者は，同じ長さだと，そもそも料金が2割以上安いわ。その代わり，長さというのは箱の縦・横・高さの合計だということよ」。

姪たちは，どちらが安くつくか，「うーん」とうなって考え込んでしまったが，読者にも考えていただこう。荷物を細長い$a \times b \times 50$（cm）の箱に入れて送る場合，aとbは無視できるほどだから，元の業者で同じ箱で送るより，明らかにこの新しい業者のほうが安くなる。この業者の場合も，うまく箱を選んでさらに料金を下げる方法があるだろうか？

　まずウォーミングアップとして，この問題の2次元版，つまり$a \times b$の長方形を$x \times y$の長方形の箱に詰めて送ろうとするとき，必ず$a+b \leqq x+y$となることを証明していただきたい。次に3次元版，つまり$a \times b \times c$の直方体を$x \times y \times z$の箱に入れて送ろうとする場合，$x+y+z$は$a+b+c$以上になってしまうことを証明してほしい。したがって，新しい業者の場合，宅配料金は最低でも$0+0+50=50$cmに比例してしまう。

第109話の解答

　最初の2次元版の問題は，ウォーミングアップとしても易しすぎたかもしれない。下図のように$a \times b$の長方形が$x \times y$の箱におさまっているとしよう。

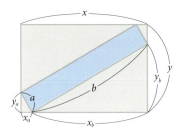

　辺aとbのx方向への射影長をx_a, x_bとすると，$x_a + x_b \leqq x$である。同様にy方向への射影長をそれぞれy_a, y_bとすると，$y_a + y_b \leqq y$である。aとx_a, y_aには3平方の定理により$x_a^2 + y_a^2 = a^2$という関係があるが，それを持ち出すまでもなく，三角不等式により$a \leqq x_a + y_a$だ。同様に，$b \leqq x_b + y_b$だから

$$a + b \leqq x_a + y_a + x_b + y_b \leqq x + y$$

である。

　この考えを延長して3次元の場合を扱うのは不可能ではない。実際，$a \times b \times c$の直方体が$x \times y \times z$の箱に入っている場合，下図のように$x \times y$平面に射影した状況を考えると，青く塗られた3つの面の射影の面積の合計がxy以下になることは明らかであり，他の平面への射影も同様だ。

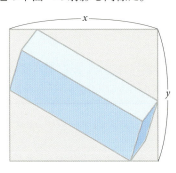

そこで，$a\times b$の面の3方向への射影の面積をs_1, s_2, s_3としたとき，$ab \leqq s_1 + s_2 + s_3$を示すことができれば，$b\times c$, $c\times a$の面についても同じだから

$$ab+bc+ca \leqq xy+yz+zx$$

が示される。また，$a\times b\times c$の直方体の対角線の長さは$\sqrt{a^2+b^2+c^2}$なので，この長さの直線が箱におさまるには

$$\sqrt{a^2+b^2+c^2} \leqq \sqrt{x^2+y^2+z^2}$$

が必要だ。あとは，この2つの不等式を並べて少し変形すれば，$a+b+c \leqq x+y+z$が得られる（これは簡単なので読者に考えていただこう）。だが，$ab+bc+ca \leqq xy+yz+zx$の証明は，面倒そうに見えて，（少なくとも筆者には）よいアイデアが浮かばない。

というわけで，その証明を避けて，もっと高次元の場合にも拡張できそうな，まったく別の解析的なアイデアを紹介しよう。$a\times b\times c$の直方体が$x\times y\times z$の箱におさまっているとし，その直方体を厚みdの梱包材で均等にくるむことを考えよう。3次元のままでは図が描きにくいので，$a\times b$の方向に射影して描くと下図のようになる。

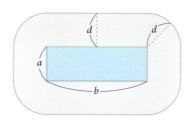

この梱包材込みの体積はどうなるだろうか。元の体積abc以外に梱包材の体積が加わる。まず各面に厚みdの梱包材が加わり，その分は$2(ab+bc+ca)d$だ。また，各辺の周りの分を集めると$\pi(a+b+c)d^2$となる。最後に，各頂点の周りの分を集めると，それはちょうど半径dの球になるから，$4\pi d^3/3$となる。結局，梱包材を含めた直方体の体積は

$$abc+2(ab+bc+ca)d+\pi(a+b+c)d^2+\frac{4}{3}\pi d^3$$

となる。もちろんこれは元の箱にはおさまらないが，箱のほうも均等にdだけ膨らませれば入るはずだ。この膨らませた箱の容積は，同様に

$$xyz + 2(xy+yz+zx)d + \pi(x+y+z)d^2 + \frac{4}{3}\pi d^3$$

となるが，当然，これは梱包材込みの直方体の体積以上でなければならない。したがって

$$xyz-abc + 2(xy+yz+zx-ab-bc-ca)d + \pi(x+y+z-a-b-c)d^2 \geqq 0$$

が成り立つ。全体をπd^2で割れば

$$\frac{xyz-abc}{\pi d^2} + \frac{2(xy+yz+zx-ab-bc-ca)}{\pi d} + (x+y+z-a-b-c) \geqq 0$$

だが，dがどんなに大きくてもこの式は成り立つので，$d \to \infty$とした極限をとることで前2項は0に収束し，$x+y+z \geqq a+b+c$が示される。

第110話　続・双子がもらった小切手帳

　アリスがトウィードルダムとトウィードルディーの双子を久しぶりに訪問すると，2人ともそれぞれの机の前に座って何やら計算に余念がない。何の計算をしているのかと聞くと，ダムとディーは手元の小切手帳をひらひらと振って見せ，「例によって伯父さんがそれぞれにくれたんだけど……これが問題なんだ」という。

　話をさらに聞いてみると，各小切手には金額は書いてあるが，なぜかサインがしてない。ダムとディーが額面にプラスかマイナスの符号を書き込めば，伯父がサインをするという。「額面がマイナスの小切手？　そんなバカな」とアリスは思ったが，不思議の国や鏡の国でならそんなこともあるかもしれない。それにして

も，それなら2人ともすべての小切手にプラスの符号を書いて，さっさとサインしてもらえばよい。

アリスがそう提案すると，「そうはいかないのさ」とダム。ディーを指さし，「伯父さんはサイン後の小切手帳をいったんあいつに渡すっていうのさ。あいつはそれをそのまま受け取ってもよいし，全部を俺につき返してもよい。あるいは小切手帳をどこか1カ所で2つに切り離し，一方を自分のポケットに入れて，もう一方を俺に渡してもよい。だから，全部プラスなんかにしたら，あいつは全額を自分のものにして，俺には何にもなしさ」。それを聞いてディーがいい返す。「ふん，全部プラスなら，おまえだって独り占めするくせに」。

「なるほど」。アリスには伯父の考えが読めてきた。額面を全部プラスにし，サイン後に渡された小切手帳を切り離さずにそれぞれのものにするという協定を2人が結べば，彼らにとって一番得なはずだ。ところが，そういう伯父の期待を察することができても，2人にはそんな協定をする意思はかけらもない。この小切手ゲームの性質上，相手のほうが有利になるのは仕方がないので，ダムもディーも，たとえ自分の総額がマイナスになろうと，相手の得る総額との差を最小にすべく，必死に符号の付け方を工夫していたわけだ。

こんな不毛な競争に読者を巻き込むのは申し訳ない気もするが，知恵を拝借したい。まずウォーミングアップとして，ダムが符号を書き込んで金額が確定した小切手帳があるとして，ディーが自分の得る総額を最大にするには小切手帳を切り離す場所をどのように決めるのがよいかを考えていただこう。例えば6枚つづりで各小切手の額面が2，−3，−5，2，6，1だとしたら，どこで切り離すのがよいだろうか？　これは（数値の加減や比較が単位時間でできるとして）小切手帳のつづり枚数に比例する計算量で解けるはずだ。

次に，符号を付けるダムの側の戦略を考えていただこう。一般に小切手帳がn枚つづりの場合，各小切手への符号の付け方の総数は2^n通りある。もちろん，そのすべてを上のやり方で調べれば最善解が求まるが，もう少しマシな（nの多項式くらいの計算量ですむ）方法があるかどうかを筆者は知らない。ただ，小切手の額面の（絶対値の）最大がMの場合，ディーとダムの得る総額の差が$2M$以下になるような符号の付け方が必ず存在する。読者にはそのことを証明していただきたい。

第110話の解答

　ダムが符号を決めた小切手帳を，ディーが自分に最も有利なように2つに分けるという最初の問題は簡単だ。n枚つづりの小切手帳の場合，全部を相手または自分のものにする場合を含めて，分け方はn通りしかないので，そのすべてを調べてそれぞれの総額の差が最大になるようにすればよい。これをシステマティックに行うには，次のような方法がよいだろう。いま，小切手の額面が先頭から順にa_1，a_2，$\cdots$，a_nとなっているとしよう。k枚目までの累計額を

$$\sum_{i=1}^{k} a_i = S(k)$$

と書くことにすれば〔ただし$S(0)=0$〕，$S(k)$の表を作るのは，次々に計算していけばよいだけだ

表A	k	0	1	2	3	4	5	6
	a_k		2	−3	−5	2	6	1
	$S(k)$	0	2	−1	−6	−4	2	3

から易しい。例に挙げた2，−3，−5，2，6，1の場合，表Aのようになる。小切手帳をk枚目と$k+1$枚目の間で切り離す場合，一方が受け取る小切手総額は$S(k)$であり，もう一方は

$$\sum_{i=k+1}^{n} a_i = S(n) - S(k)$$

だ。だから，その差$|S(n)-2S(k)|$が最大になるようにkを選んで切り離し，$S(k)$と$S(n)-S(k)$のうち大きいほうを受け取ればよい。2，−3，−5，2，6，1の場合，$S(n)=3$であり，$S(k)$は$k=3$のときに最小の−6，$k=6$のときに最大の3となる。$|3-2\times3|=3<|3-2\times(-6)|=15$だから，$k=3$を選ぶことにすると，小切手帳は2，−3，−5と2，6，1に分かれ，ディーは先頭の3枚をダムに渡して−6を与え，残りの3枚を取ることで9を得るから，その差は15になる。

　2，3，5，2，6，1の場合，ダムが3と5にマイナス符号を付けるというのは良策とはいえない。問題で述べたように，この場合は6が額面の絶対値の最大だ

151

から，うまく符号を付ければ，差を12（＝2×6）以下に抑えることができる（この上限はかなりよいものだ。実際，同じ額面Mの小切手ばかりからなる偶数枚つづりの小切手帳が与えられた場合，ダムがどんな符号付けをしても，ディーは$2M$以上の差をつけて勝利できるということが簡単にわかる。これは読者に考えていただこう）。

しかし，額面の絶対値の最大がMであるようなどんな場合でも，差が$2M$以下になる符号の付け方が存在するということの証明は，相当の難問のように思うし，実際にそのような符号の付け方をシステマティックに見つけるというのも容易ではないだろう。

まず，累計$S(k)$の絶対値が最小になるように符号を決めていくというアイデアが浮かぶ。例えば，$S(k-1) \leqq 0$ならk枚目の小切手をプラスとし，$S(k-1) > 0$ならk枚目の小切手をマイナスとすればよい。すると各小切手の額面の絶対値がM以下なので，任意のkに対して$|S(k)|$はM以下になり

$$|S(n) - 2S(k)| \leqq |S(n)| + 2|S(k)| \leqq 3M$$

となるから，問題の$|S(n) - 2S(k)|$が$3M$で抑えられることは示せる。だが，$S(n)$と$S(k)$が反対符号でその絶対値がMに近い場合がありうるので，$2M$で抑えることは簡単ではない。

これを解決する巧妙なアイデアは，累計を考えるときに，0から始めるのをやめて絶対値がM以下の任意の値wから始めることだ。つまり，このときのk枚目までの累計を$S(w, k)$と書くことにすれば，$S(w, 0) = w$。各小切手の符号は，先ほどと同様に，$S(w, k-1) \leqq 0$ならk枚目はプラス，$S(w, k-1) > 0$ならk枚目はマイナスとする。例として，各小切手の額面の絶対値p_kが2，3，5，2，6，1の場合に，$w = -6$，-5，-4のときの$S(w, k)$を示すと，表Bのようになる。

各$S(w, k)$の絶対値は明らかにMを超えることがない。また，上述のように符号を付けた小切手のk枚目までの累計額を$S(k)$とすれば，明

表B	k	0	1	2	3	4	5	6
	p_k		2	3	5	2	6	1
	$S(-6, k)$	-6	-4	-1	4	2	-4	-3
	$S(-5, k)$	-5	-3	0	5	3	-3	-2
	$S(-4, k)$	-4	-2	1	-4	-2	4	3

152

らかに $S(w, k) = w + S(k)$ が成り立つ。したがって、そのように符号を付け
た小切手帳については、$w + S(w, n) = 0$ ならば

$$
\begin{aligned}
&|S(n) - 2S(k)| \\
=\ &|2w + S(n) - 2(w + S(k))| \\
=\ &|w + S(w, n) - 2S(w, k)| \\
=\ &2|S(w, k)| \\
\leqq\ &2M
\end{aligned}
$$

となり、どこで切り離しても、その差額が $2M$ 以下になることが保証される。

　以下、$w + S(w, n) = 0$ となる $w \in [-M, M]$ が実際に存在することを示そ
う。$f(w) = S(w, n)$ は w についての関数である。連続ですらないが、それほ
どめちゃくちゃな動きをするわけではなく、実はほとんどの部分では $w + C$（C
は定数）という形の一次関数である。実際、表Bの場合、容易に想像されるよう
に $-6 \leqq w \leqq -5$ のときは $f(w) = S(w, 6) = w + 3$ である。

　問題は、$f(w)$ が不連続になる点 w があることだが、それはある k について
$S(w, k) = 0$ となっている場合に起こる。つまり w がその点を通過するときに
$k + 1$ 枚目以降の小切手の符号が変わるからだ。表Bでは、$w = -5$ のときに $S(-5,$
$2) = 0$ となり、そこを境目に3枚目から先の小切手の符号が変わる。ところが幸
いにして、この変化もめちゃくちゃなわけではなく、k 枚目より後ろの小切手が
一斉に符号を反転させるのだ。その結果 $f(w)$ の符号も反転するが、その後はま
たしばらく $f(w) = w + C$ という形に戻る。

　こうして、$y = f(x)$ のグラフは、ほとんどいたるところで傾き1の直線を描き、
ときどき x 軸を挟んで対称点に跳ぶということになる。実際、例えば先の各額面
の絶対値が2、3、5、2、6、1の小切手帳の場合に、$y = f(x)$ のグラフを描いて
みると、次ページの図左のようになる。このグラフからだけではわかりにくいの
で、$y = |f(x)|$ のグラフを描くと図右の破線と実線からできた折れ線になる。こ
れは連続だから、$y = -x$ のグラフと必ず交わる。

　同図のように $y = -x$ が $y = |f(x)| = f(x)$ の部分と交点を持てば、その x 座標 w
で $w + f(w) = w + S(w, n) = 0$ が達成される。あまり起こらないことだが、

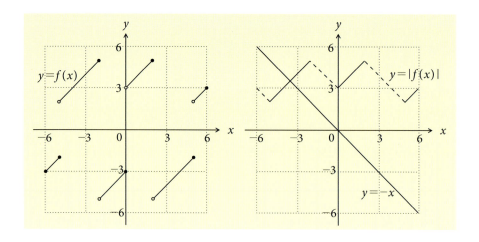

$y=-x$ が $y=|f(x)|=-f(x)$ の部分と交点を持つ場合がどうなるか気になるので，その場合を検討しておこう。その場合，$y=-f(x)$（グラフの破線部分）と $y=-x$ の傾きは同じだから，折れ線 $y=|f(x)|$ と $y=-x$ はある区間で完全に重なっている。定義より $f(w)$ が左に連続なことがわかるので，その重なり部分の最左点でグラフ $y=-x$ はグラフ $y=f(x)$ に接し，その x 座標 w で $w+f(w)=0$ がやはり達成される。

以上により，ある $w \in [-M, M]$ で $w+f(w)=0$ となることが示された。例えば各小切手の額面の絶対値が 2, 3, 5, 2, 6, 1 の場合，上図右より $w=-3.5$ のときに $w+f(w)=0$ となるので，その場合の $S(w, k)$ を表にすると表Cとなり，小切手の額面は 2, 3, -5, 2, 6, -1 とするのがよいことがわかる。実際，このときの $|S(n)-2S(k)|$

表C

k	0	1	2	3	4	5	6
p_k		2	3	5	2	6	1
$S(-3.5, k)$	-3.5	-1.5	1.5	-3.5	-1.5	4.5	3.5

は $k=5$ のときが最大で $2 \times 4.5 = 9$ となるが，$2 \times 6 = 12$ よりも小さい。ディーは5枚目と6枚目の間で小切手帳を切り離し，最後の6枚目をダムに渡すのがよいが，これ以上にダムとの差を広げることはできない。

ダムにとって，この符号付けはあまり不満のないものとはいえようが，残念ながら，最善の結果をもたらすという保証はない。最善の結果が欲しいなら，2^n 通りの符号付け全部を調べるしかないのだろうか？ また，$f(x)$ のグラフを描

くことで$w+f(w)=0$を満たすwを見つけられ，そのwに対する符号付けを考えることで，差が$2M$以下になる符号付けが得られることはわかった。しかし，$f(x)$のグラフを描くことはそれほど簡単だろうか？　グラフの不連続点が2^n個近くもあれば，全部の符号付けを考えるのと大差ないことになる。不連続点の数があまり多くないという保証はあるだろうか？　このあたり読者の知恵を借りたいところである。

第111話 | 寂しがり屋の蟻たち

　初夏の不思議の国はよい天気が続く。日差しはやわらかで風はさわやかだ。この時期のトランプ王宮内の花園は，アジサイやツツジなど色とりどりの花が満開で，一般に開放されている。アリスがのんびりと散歩していると，ヤマネの7匹の姪たちが何やら楽しげに遊んでいるところに遭遇した。

　好奇心のかたまりのアリスだ。何をしているのかと尋ねると，「ここに蟻ん子がたくさんいるの」とサンデイ。「でも変わってるの。多分，生まれたばかりなんだと思うけど，みんな固まって眠っているのよね。それなら巣の中にいればよいのに……」。

　「蟻ん子だって，こんな陽気のときに暗いところばかりでは，嫌になるんじゃない」とマンデイ。「たまには陽だまりで昼寝したいと思ったのかもよ」。

　「そんなことはどうでもいいでしょ，この際」とサタデイが割り込む。「蟻ん子の面白い習性に気がついたのよ」とほかの姉妹たちに目くばせをすると，姉妹はそれぞれ蟻ん子を数匹ずつすくい取り，そばの細長いフェンスの上に1匹ずつ少し離して載せた。蟻ん子が驚いて落ちてしまうことがないくらいの強さでサタデイが手を打ち鳴らすと，蟻ん子は一斉に目を覚ましキョロキョロした。やがて自分が仲間から離れて一人ぼっちになっていることに気がつくと不安になったらしく，一番近くにいる仲間のほうに移動する。こうして2匹以上のかたまりができると，安心したのかその場で再び眠り込む。

「ね，面白いでしょ．あたしたちも遊んでいていつの間にか一人ぼっちになっていることに気がつくと，急に寂しくなってほかの子を探すことがよくあるけど，蟻ん子も同じだなと思って」

　さて，蟻とヤマネのよく似た習性がどこから来るのかはともかく，読者には次の問題を考えていただこう．各蟻は一番近くにいる仲間のほうに一斉に移動し始め，ほかの蟻と合流して2匹以上のグループを作ると，移動を止めてその場で眠り込む．最初にn匹の蟻がフェンスの上にいたとすると，こうしたグループは平均でいくつできるだろうか？　曖昧性を除くために，フェンスの上というのは線分であり，各蟻の最初の位置は線分上の独立な一様分布に従うものとする．つまり，1匹の蟻に着目したとき，それが最初にフェンス上（線分）のどこにいるかはほかの蟻の位置とは無関係にまったく等確率で生じ，各蟻にとって一番近くにいる蟻はただ1匹に定まるものとしよう．どの2匹の蟻のペアをとっても，その距離と同じだけ離れている別のペアは存在しないと考えてもよい．

　こんな1次元の問題では物足りない読者は，フェンスの上（線分）ではなく，平面で同じ問題を考えていただきたい．n匹の蟻がいて，各蟻の最初の位置は定円盤上の独立な一様分布に従うものとする．蟻が同様に移動してグループを構成していくと，グループの総数は平均でいくつになるだろうか．

第111話の解答

まずnがあまり大きくない場合を個別に考えてみよう。形成されるグループはどれも蟻が2匹以上になるから$n=2$と$n=3$の場合は全部が1グループになるしかない。

$n=4$の場合，全部が1グループになるか，2匹ずつのグループが2つできるかのいずれかだが，それぞれがどのような確率で生じるかが問題だ。フェンス上の蟻を左からa_0，a_1，a_2，a_3とする。a_0がa_1に向かって右に進み，a_3がa_2に向かって左に進むことは間違いないので，グループ数を定めるにはa_1とa_2の進む方向がカギになる。d_iをa_{i-1}とa_iの距離とすると，$d_1<d_2$ならa_1は左向きに進み，反対に$d_1>d_2$なら右向きに進む。同様に，a_2は$d_2<d_3$なら左向き，$d_2>d_3$なら右向きに進む。表にすると

$$
\begin{array}{llll}
d_1 < d_2 < d_3 & a_0 \rightarrow \leftarrow a_1 & \leftarrow a_2 & \leftarrow a_3 \\
d_1 < d_2 > d_3 & a_0 \rightarrow \leftarrow a_1 & a_2 & \rightarrow \leftarrow a_3 \\
d_1 > d_2 < d_3 & a_0 \rightarrow a_1 & \rightarrow \leftarrow a_2 & \leftarrow a_3 \\
d_1 > d_2 > d_3 & a_0 \rightarrow a_1 & \rightarrow a_2 & \rightarrow \leftarrow a_3
\end{array}
$$

のようになる。すぐに見て取れるように，$d_1<d_2>d_3$の場合だけが2グループになり，ほかは1グループだ。

ただ，ここで初心者が陥りがちな確率に関する誤解について注意しておこう。それは，上の表の4通りの場合が均等に生じると考え，グループ数の期待値を$(1+2+1+1)/4=5/4$とするのは誤りだということだ。実際は，真ん中の2通りは一番上や一番下の場合よりも2倍生じやすい。なぜかというと，事象$d_1<d_2$と事象$d_2<d_3$が独立ではないからだ。数値d_iは互いに無関係だと考えてよいから，この2つの事象はどちらも確率1/2で生じるが，それらが同時に生じる確率は，その積1/4ではなく1/6なのだ。

直感的には次のように考えればよいだろう。$d_1<d_2$が生起している場合，d_3については$d_1<d_2<d_3$，$d_1<d_3<d_2$，$d_3<d_1<d_2$の3通りの可能性があり，それぞれが均等に起こる。この結果，$d_1<d_2<d_3$が起こる確率は1/6になり，d_1

$<d_2>d_3$ が起こる確率は $2/6 = 1/3$ だ。

　他の場合も同様に確率を計算でき，結局 $n = 4$ の場合，形成されるグループ数の期待値は $1 \times 1/6 + 2 \times 2/6 + 1 \times 2/6 + 1 \times 1/6 = 4/3$ となる。

　上に述べたような誤解を避けるには，場合分けの時点で d_1，d_2，d_3 の大小順をすべて考えて，

$d_1 < d_2 < d_3$	$a_0 \rightarrow \leftarrow a_1 \leftarrow a_2 \leftarrow a_3$
$d_1 < d_3 < d_2$	$a_0 \rightarrow \leftarrow a_1 \quad a_2 \rightarrow \leftarrow a_3$
$d_2 < d_1 < d_3$	$a_0 \rightarrow a_1 \rightarrow \leftarrow a_2 \leftarrow a_3$
$d_2 < d_3 < d_1$	$a_0 \rightarrow a_1 \rightarrow \leftarrow a_2 \leftarrow a_3$
$d_3 < d_1 < d_2$	$a_0 \rightarrow \leftarrow a_1 \quad a_2 \rightarrow \leftarrow a_3$
$d_3 < d_2 < d_1$	$a_0 \rightarrow a_1 \rightarrow a_2 \rightarrow \leftarrow a_3$

のように分類するのが賢明だろう。そうするとグループ数の期待値は $(1 + 2 + 1 + 1 + 2 + 1)/6 = 4/3$ となることがわかる（この場合でも，上の6通りが均等に起こることを疑う読者がおられるかもしれないが，各蟻の位置はフェンス上の独立な一様分布に従うから，隣接する2匹の蟻の距離 d_i も i と無関係に同一の分布を持つことは納得していただけるだろう）。

　同様に $n = 5$ の場合，（実際に書き出すのは省略するが）d_1，d_2，d_3，d_4 の大小順24通りをすべて調べると，平均で $40/24 = 5/3$ 個のグループができることがわかる。

　ここまでから，$n = 2$ の場合は例外だが，一般にグループ数の平均値は $n/3$ になることが予想される。実はこの予想は正しい。

　当然だが，各グループには分類表中で $a_{i-1} \rightarrow \leftarrow a_i$ として示される相互に近づいていくペアがちょうど1組含まれ，そのペアを核としてグループが形成される。少し考えればわかるが，ペア $a_{i-1} \rightarrow \leftarrow a_i$ ができるためには，d_1，d_2，……，d_{n-1} と並べたときに d_i の隣にそれより小さい d_{i-1} や d_{i+1} がないことが必要十分だ。だから，分類表から自分より小さい要素を隣に持たない d_i をすべて数え上げることで，$n \geqq 3$ の場合にそのような d_i の総数が $n!/3$ であることを数学的帰納法によって示すことができる。すると，分類パターンの総数が $(n-1)!$ であることより，

159

ペア数（すなわちグループ数）の期待値は$n/3$となる。

　さて，隣に自分より小さい要素を持たないd_iの総数が$n!/3$となることの数学的帰納法による証明だが，まず$n=3$の場合は，直ちにわかるように総数は2だから$3!/3=2$より正しい。nのときに正しいと仮定して，d_1，……，d_{n-1}を大小順に分類した$(n-1)!$個の全パターンの表を作り，d_iが自分よりも小さいd_{i-1}，d_{i+1}を隣に持たないときd_iに印を付ける。このとき，仮定より全部で$n!/3$個のd_iに印が付く。さて，この分類表をもとにして，要素が1つ増えた場合の分類表を考えよう。d_1，……，d_{n-1}よりも小さい要素dをこの列のどこかに挿入する場合，dの挿入位置にはn箇所の可能性があり，これがn個のものを大小順に並べた総数$(n-1)! \times n = n!$個のパターンを生み出す。1つのパターンがn個に分かれるので，印を無条件にコピーすると，元からある印の総数は$n \times n!/3$になる。dは最小の要素だから，dには当然印が付き，各パターンに新しい印が1つずつ増えるので総数では$n!$増える。ところが実は，元の印を無条件にコピーしたのはやりすぎだ。d_iに印が付いているとして，その両隣のどちらかにdが挿入された場合は，自分よりも小さいものが隣に来たのでd_iに付いていた印が消える。こうして元々印の付いていた要素の隣にdが来たときにはその印が消えるので，その分$2 \times n!/3$を差し引いて，分類表中の印の総数は

$$n \times \frac{n!}{3} + n! - 2 \times \frac{n!}{3} = (n+1) \times \frac{n!}{3} = \frac{(n+1)!}{3}$$

である。

　しかし，nが大きいときには，数学的帰納法を遂行するよりも次のような直感に訴える考え方が簡便かもしれない。アイデアは，1匹の蟻Aに着目し，それが別の蟻Bとペア$A{\rightarrow}{\leftarrow}B$を作る確率を計算することだ。

　Aの一番近くにいる仲間をBとしよう。すなわち$A{\rightarrow}B$または$B{\leftarrow}A$である。議論は左右対称だから$A{\rightarrow}B$と仮定し，このときさらに$A{\rightarrow}{\leftarrow}B$となる条件付き確率を求めたい。A，Bの位置座標をそれぞれa，bとし，AとBの距離を$d=b-a$とすると，$A{\rightarrow}B$となるための条件はほかのどの蟻もAからd以上離れていることだ。すなわち$[a-d, a+d]$という長さ$2d$の区間にはAとB以外の蟻がいない。

一方，A→←Bとなるための条件はほかのどの蟻もAとBの両方からd以上離れていることだ。言い換えると，$[a-d, a+2d]$という長さ$3d$の区間にAとB以外の蟻がいない。やや厳密性を欠く直感的な議論であることは認めざるを得ないが，たくさんの蟻がフェンス上にいるとき，長さ$2d$の区間に蟻がいないということは，それを含む長さ$3d$の区間にいないということよりも3/2倍起こりやすいと考えると，先の条件付き確率が2/3になることがわかる。こうして，各蟻が別の蟻とペアを作る確率が2/3だとすると，n匹の蟻の中にはペアを作っている蟻が平均で$2n/3$匹いる。各ペアは2匹の蟻で構成されるから，ペア数（すなわちグループ数）の平均は$n/3$ということになる。

上の議論はいささか乱暴だが，問題の次元を拡張するような場合に非常に有効だ。n匹の蟻がいて，各蟻の位置が定円盤上の独立な一様分布に従うとき，同じように動いてグループを作るとしよう。蟻AとBの距離をdとするとき，A→BとなるのはAを中心とする半径dの円（下図の左の円）内にAとB以外の蟻がいないことであり，A→←Bとなるのは，A, Bを中心とする半径dの2つの円（下図の2つの円）内のどちらにもほかの蟻がいないことだ。したがってA→BのもとでA→←Bとなる条件付き確率は，だいたい面積比

$$p = \frac{\pi d^2}{(4/3\pi + \sqrt{3}/2)\,d^2} \approx 0.62150$$

となり，グループ数の平均値は$pn/2 = 0.31075n$くらいになる。

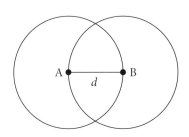

第112話 正8面体サイコロに色を塗ろう

　第93話「鏡の国のサイコロ製造工場」（本書64ページ）で，アリスがハンプティ・ダンプティや赤のポーンたちとともに鏡の国のサイコロ製造工場を見学した話をしたが，今回はその続きの話題にお付き合い願いたい。

　賭け事好きの国民が多い鏡の国では，サイコロの需要は高く，安定した売り上げが期待できるのだが，いつも同じようなデザインばかりというのも面白くない。珍しい変わり種があると，使うほうもワクワクするし，製造するほうもなんとなく楽しくなる。というわけで，文字や絵を使った変わった目のサイコロや各面に色を付けたサイコロを試作してみようということになり，工場長からハンプティに相談がきた。ハンプティは芸術家ではないから，目のデザインについてはその

センスが参考になるはずはない。しかし，各面の色付けという点では，さまざまなパターンをすべて試して重複や考え落としがないようにしたいということで，知恵者を自任するハンプティには一応お伺いをたてておこうということらしい。

これまでも再三述べてきたように鏡の国のサイコロは正8面体だ。色付け問題を考える際に注意したいのは，一見違って見えるサイコロでも，適当に転がして同じ色配置になる2つのサイコロは同じと考える点だ。ただし，鏡に映して同じになる場合でも，転がして同じにならなければ別のものとする。面の色付けは目の刻印前に行うので，目のことは考慮に入れる必要はない。

工場長からの相談について，読者にもハンプティと一緒に考えていただこう。最初の問題は，赤白の2色を4面ずつに塗ってできるパターンの総数だ。何通りあるだろうか？　次に2色を何面でも好きなだけ使うと（全面が赤あるいは白というのでもよい）パターンの総数はいくつになるだろうか？　さらに4色を2面ずつに塗るときのパターンの総数は？　最後に8色を1面ずつに塗るときのパターンの総数は？

色数が少ないうちは全パターンをしらみつぶしに数え上げていっても何とかなるが，だんだん手に負えなくなるはずだ。もちろん，回転を考慮に入れなければ，比較的に簡単な式で書けることはすぐにわかるが，回転で同じになるパターンをそこからどう削り取っていくか？

いきなり正8面体の色付け問題に取り組んでもよいが，まずはウォーミングアップとして通常の立方体のサイコロの場合を考えるのが意外と有効だ。というのも立方体と正8面体は互いに双対な正多面体であり（一方の正多面体の各面の中心を結ぶと，他方の正多面体が得られる），回転で同じになるという関係に着目すると両者は同じ構造を持つからだ（この事実をあえて数学的に表現すれば，「正8面体と立方体の合同変換群はともに4次対称群 S_4 に同型である」ということになる）。立方体のほうが正8面体よりも面の数が少ないから，しらみつぶしに数え上げるのはずっと容易であり，そこから正8面体の場合のヒントが得られる可能性がある。2色を3面ずつに塗る場合，2色を何面でも好きなだけ塗る場合，3色を2面ずつに塗る場合，6色を1面ずつに塗る場合，それぞれ何通りのパターンがあるだろうか？

163

第112話の解答

対称性が関わるこの種の数え上げ問題には，「バーンサイドの補題」と呼ばれることが多い群論の定理が有用だ。この名で知られるようになったのは19世紀末のバーンサイド（William Burnside）の著作「Theory of Groups of Finite Order」のせいだろうが，定理自体は少なくともコーシー（Augustin Louis Cauchy，1789 ~ 1857年）までさかのぼることができ，そのため「コーシー・フロベニウスの補題」とも呼ばれる。

いろいろな述べ方があるが，ここではあとの説明に都合のいいように

$$\#(X/G) = \frac{\sum_{x \in X, g \in G} [gx = x]}{\#G} \qquad \text{(A)}$$

という形で記すことにする。記号を説明しよう。まずX, G, X/Gだが，これらはいずれもある集合を表している。Xが一番わかりやすいだろう。ここでは，条件を満たすようなサイコロの色付け方で対称性を考慮しないものの全体と考えればよい。問題はGだが，これはサイコロの回転合同変換（元に重なるようなサイコロの転がし方）の全体である。$\#G$はGの要素の数，つまりそのような転がし方の総数だ。あとで述べるように，サイコロが立方体や正8面体の場合は$\#G = 24$である。X/GはG内に含まれるある変換で一致するような色付け方は同一と考えた場合のパターンの全体で，その要素数$\#(X/G)$がいくつになるかというのがハンプティに来た工場長からの相談だ。

さて右辺の分子だが，$x \in X$, $g \in G$に対し，gxは色付けしたサイコロxをgで指定されたように回転させた結果のサイコロとする。つまり$gx = x$とはxをgで回転させる前後で色模様が変化しないことを意味する。また$[gx = x]$は，括弧の中が真なら1，偽なら0という値をとるものとしよう。つまり，xをgで回転させて色模様が変わらないなら1，変わるなら0である。結局，右辺の分子は，あらゆる色付け方$x \in X$とあらゆる転がし方$g \in G$の組を考え，gがxを変化させないような組の総数を数えたものだ。

合同変換は数学で群と呼ぶ構造を作る。例えば，2つの変換を連続して行うと別の変換になり，どの変換もそれを元に戻すような変換があるなどの性質があり，

そのことがバーンサイドの補題が出てくるゆえんだ。しかし，この式が成り立つことの厳密な証明は群論の教科書に任せることにし，立方体サイコロを例に，具体的問題にどのように適用できるかをある程度直感的に把握してしまおう。

　まず立方体の回転合同変換$g \in G$だが，これには5つのタイプがある。まったく動かさないというのも1つの変換であり，これをタイプIと呼ぼう。ほかは回転軸と回転角度によって分類できる。まず，相対する面の中心を結ぶ線分を軸として90°回転させる変換がある。これをタイプS4と呼ぼう。軸には上下，南北，東西の3つを考えることができ，回転方向も反対方向がありうるので，タイプS4は6個ある。また，同じ線分を軸として180°回転させる変換があり，これをタイプS2とすると，S2は3個ある。次に，相対する2辺の中点どうしを結ぶ線分を軸に180°回転させる変換をタイプE2とすると，軸は6通りあるので，E2は6個ある。最後に相対する2頂点を結ぶ線分を軸に120°回転させる変換をタイプV3とすると，軸は4通りあり反対方向の回転があるので，V3は8個だ。表にすると〈表1〉のようになり，立方体の合同変換は全部で24個，つまり$\#G = 24$だ。

〈表1〉

タイプ	I	S4	S2	E2	V3	計
gの個数	1	6	3	6	8	24

　6色を1面ずつに使うというのが，パターン数は多いものの一番考えやすそうだから，それから始めよう。対称性を考えなければ，そのような色の塗り方が6! = 720通りあることは，高校数学でおなじみだろう。つまり$\#X = 720$。さて，そのような色の塗り方$x \in X$のどれをとっても，タイプI以外の変換を行うと色模様は変化してしまう。したがって$[gx = x]$は，xが何であっても，gがタイプIのときは1，それ以外のタイプのときは0である。よって，式（A）より$\#(X/G) = 720/24 = 30$が得られる。これは，もし1つの色模様が合同変換によって24通りに変化するなら，見かけ上720通りある色模様の中には同じ模様から得られたものが24重に重複しており，実質的に異なるものは720/24通りしかないという事実を反映している。

　次にもう1つの極端なケースとして，6面すべてを1色で塗る場合を考えよう。このような塗り方は，対称性を考慮しなくても，もちろん1通りしかない。ところが，この塗り方xはどうサイコロを転がしても変化しない。言い換えれば，回転するたびに同じ色模様が現れるので，割る前にあらかじめ重複分を足しておこ

165

うというのが式（A）の右辺である。すべての$g \in G$について$[gx = x] = 1$となるから，式（A）より$\#(X/G) = 24/24 = 1$だ。

もう1つ，先の2つほど極端ではない簡単な例を考えよう。6面のうち1つだけを赤く塗り，残りを白く塗る場合だ。転がして赤い面を合わせられることはすぐにわかるから，この場合も対称性を考えたパターン数$\#(X/G)$が1であることは自明だ。だが，式（A）の様子は異なる。赤く塗る面は6面から選べるので$\#X = 6$だが，全面を1色で塗る場合に比べて対称性が少ない。ここから先は式(A)の右辺の分子を

$$\sum_{g \in G} \#X^g$$

と書いたほうが計算しやすいだろう。$\#X^g$は変換gで変化しないXの要素数である。gがタイプIならば，もちろん$\#X^g = \#X = 6$だ。gがタイプS4とS2の場合，赤く塗られた面を回転軸が通るならxはgで変化しないから，このような塗り方は2通りあり，$\#X^g = 2$だ。gがタイプ

E2とV3の場合，赤い面は必ず移動してしまうから$\#X^g = 0$だ。以上をタイプごとに表にすると，〈表2〉のようになる。

〈表2〉

タイプ	I	S4	S2	E2	V3	計
gの個数	1	6	3	6	8	24
$\#X^g$	6	2	2	0	0	24

3行目の「計」の列にある数値は，各タイプのgの個数と$\#X^g$との積の総和（つまり$1 \times 6 + 6 \times 2 + 3 \times 2 + 6 \times 0 + 8 \times 0$）で，式（A）の分子そのものになる。よって，確かに$\#(X/G) = 24/24 = 1$である。

式（A）の意味について了解いただけただろうか？　ウォーミングアップの締めくくりとして，立方体に2色を3面ずつに塗る場合，3色を2面ずつに塗る場合，

〈表3〉

タイプ	I	S4	S2	E2	V3	計
同色グループ	1, 1, 1, 1, 1, 1	1, 1, 4	1, 1, 2, 2	2, 2, 2	3, 3	
gの個数	1	6	3	6	8	24
2色を3面ずつ	$6!/(3!)^2 = 20$	0	$2^2 = 4$	0	2	48
3色を2面ずつ	$6!/2^3 = 90$	0	$3! = 6$	$3! = 6$	0	144
2色を好きなだけ	$2^6 = 64$	$2^3 = 8$	$2^4 = 16$	$2^3 = 8$	$2^2 = 4$	240

166

2色を好きなだけ塗る場合のそれぞれを一気に表にして片づけてしまうと左ページ下の〈表3〉のようになる。

2行目「同色グループ」は，回転gに対して対称性を保つために同じ色に塗らねばならない面の組がどうなっているかを表す。例えばgがタイプS4だとしよう。対称性を保つには，回転軸が通る2つの面は固定されているので，好きな色に塗ってもよいが，軸に平行な4つの面は互いに移りあうので，同じ色に塗らねばならない。つまり，6面が1，1，4の3つの同色グループに分かれることを意味する。表の下3行が塗り分けに使える色数の制約に応じた$\#X^g$の値で，これを計算するのに面の「同色グループ」分けが有効だ。例えばタイプS2の回転では6面を1，1，2，2の4つの同色グループに分ける。よって，赤白で自由に色付けできる場合，各グループをどちらの色に塗るかで$2^4 = 16$種のパターンになることがすぐにわかるし，赤白を3面ずつに塗る場合，赤を塗る面は1面のグループと2面のグループから1つずつ選ぶしかないから$2^2 = 4$種あることがわかる。$\#X^g$の各値については，数値とともにそのもとになった計算式を示してあるので，各自で確認されたい。

$\#X^g$の各値に「gの個数」をかけて和をとったものが「計」の列で，これが式(A)の右辺の分子にほかならない。結局，対称性を考慮したときのパターン数$\#(X/G)$は，2色を3面ずつの場合$48/24 = 2$，3色を2面ずつの場合$144/24 = 6$，2色を好きなだけの場合（1色だけの場合も含む）$240/24 = 10$になる。この程度なら全パターンを調べ上げることもできよう。興味のある読者は確かめてみるとよい。

さて正8面体のサイコロに移ることにしよう。問題で述べたように正8面体の合同変換群は立方体の場合と同型なのだが，混乱しないように5つのタイプに別の名前を付けよう。といっても，まったく動かさないというのは同じ名のタイプIでよいだろう。相対する面の中心を結ぶ線分を軸に120°回転させる変換をタイプS3，相対する2辺の中点どうしを結ぶ線分を軸に180°回転させる変換をタイプE2，相対する2頂点を結ぶ線分を軸に90°回転させる変換をタイプV4，同じく180°回転させる変換をタイプV2と名づける（実はローマ字や数字には意味がある。興味がある人は考えてみてほしい）。そして，先と同様な表を作ると次ページの〈表4〉のようになる。

この結果，$\#(X/G)$は，2色を4面ずつの場合$168/24 = 7$，4色を2面ずつの

場合 $2736/24 = 114$，2色を好きなだけの場合 $552/24 = 23$ になる。さすがにこの数になると，全パターンを調べ上げることは容易でないが，考え方は立方体の場合と同じだ。最後に，8色を1面ずつに塗る場合は，数は多いものの表に頼るまでもなく，計算だけで $8!/24 = 1680$ 種のパターンがあることがわかる。

〈表4〉

タイプ	I	S3	E2	V4	V2	計
同色グループ	1,1,1,1,1,1,1,1	1,1,3,3	2,2,2,2	4,4	2,2,2,2	
gの個数	1	8	6	6	3	24
2色を4面ずつ	$8!/(4!)^2=70$	$2^2=4$	$4!/2^2=6$	2	$4!/2^2=6$	168
4色を2面ずつ	$8!/2^4=2520$	0	$4!=24$	0	$4!=24$	2736
2色を好きなだけ	$2^8=256$	$2^4=16$	$2^4=16$	$2^2=4$	$2^4=16$	552

168

第113話 正多角形を小さくたたむには？

　アリスと白の騎士が大工を久々に表敬訪問すると，大工は何やら渋い顔をして考え込んでいた。そばでセイウチもお付き合いで頭をひねっている。
　「おお，ちょうどいいところに来てくれた」と大工。「相談だが，実は赤の王室から金属フレームを作ってほしいという注文があった。前にも似た注文を受けたことがあったが（第48話「フレームと筋交い」，『数学パズルの迷宮　パズルの国のアリス2』），そのときは正方格子状のフレームだった。今度は正多角形状のフレームだ。フレームは同じ長さの細い金属板をビスでつないだだけのものだから，安定させるために筋交いを入れねばならないのは前と同じだ。前のときは，筋交いを何カ所に入れなければならないかで悩んだが，今回は正多角形だから簡単。どんな正多角形も，筋交いを利用して，3角形だけから構成されているよう

に分割できれば安定する。だから正 n 角形なら $n-3$ 本の筋交いを用意すればいい」。

「なんだ，では問題などないではないか」と白の騎士が言うと，「いや，問題はそこではない」と大工。「フレームは，使っているときはいいのだが，使っていないときは，筋交いを外してなるべく小さくたためるようにというのが赤の女王からの要求だ。正 n 角形のフレームはビス部分を関節にしてうまく折りたためば，n が偶数のときには長さは小さくなるし面積は無視できるほどになるが，n が奇数のときがうまくいかない。例えば，正 7 角形の場合の折りたたみ方をいくつか考えてみたのだが，長さはともかく面積があまり小さくならないのだ（下図）。どうしても正 3 角形の面積くらいの領域ができてしまう」。

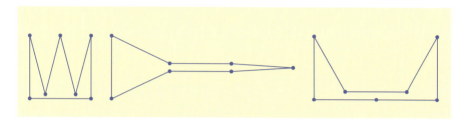

例によってアリスが口を挟む。「こんな感じにたためば，もっと小さくなるんじゃないかしら」と，フレームを交差させて星形の図形にたたんでみせる。すると，セイウチが代わって答える。「おいらもそんなのを提案したんだけど，フレームを交差させるのは禁じ手らしいよ。使おうとするときにビスが邪魔になって広げにくくなるから」。

「ふーむ」と，一同どうしたものかなと頭をひねり始めたが，読者の皆さんに名案はおありだろうか？　正 7 角形の場合に，フレームを交差させないで正 3 角形よりもずっと小さい面積にたたむことはできるだろうか？　できるならばその形を示してほしい。不可能ならばそのことを証明していただきたい。正 7 角形はダメでも，正 5 角形や正 9 角形，ほかの正奇数角形の場合にうまいたたみ方はあるだろうか？

第113話の解答

　自己交差を持たない閉曲線を単純閉曲線といい，有限個の線分から構成される単純閉曲線を単純多角形と呼ぶ．これらは問題を解くのに直接必要のない知識だが，問題の内容を簡潔に述べるのには役に立つ．つまり，問題は「奇数本の単位長の辺からなる単純多角形の面積はどこまで小さくできるか」ということだ．そのような多角形が正3角形の部分を除いて面積がほぼゼロという状態にたためることは，大工が考えた図（左ページ）の中央のものから明らかだ．辺長を1とすると，正3角形の面積は$\sqrt{3}/4$だから，この値にいくらでも近づけることはできる．ところが，面積がそれよりも小さくなるようにたためるかというと，不可能だというのが結論だ．

　とはいっても，辺数が多くなれば，うまくたたむことで，面積を$\sqrt{3}/4$よりも小さくできそうな気がするのが，この問題の厄介な点だ．

　さて，大工が考えた正7角形のたたみ方の3つの例だが，左側のものは3つの広めの領域が面積比1：2：1くらいで残っており，足し合わせると正3角形よりも大きくなる．中央のものはそもそも正3角形がほとんどそのままの形で残っているし，右側のものも両側に面積比1：1くらいの領域があり，足し合わせると正3角形以上になる．そこで，例えば下図のように，いくつかに分割して考えるとうまくいくかもしれない．どの図の面積もA，B，C部分の面積の和である．左図のAとCは3角形なのでこれ以上つぶすことはできないし，Bは長さ1の辺3つとそれよりも短い辺2つからなるが，たたみ方を変えてもあまり小さくなりそうもない．中央の図のAや右図のAとCもそうだ．どうやら辺長が指定された多角形には，固有の「つぶれにくさ」があり，それをうまく表現できれば，多角形を分割することで，問題をより辺数の少ない多角形に帰着できるかもしれない．

　そこで辺長が指定された多角形Pの「つぶれにくさ」を表現する指標として，

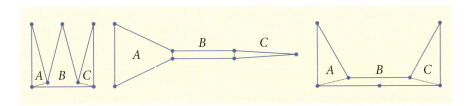

やや天下り的ではあるが，n角形Pの辺長をe_1，……，e_nとするとき，次の$\mu(P)$を考える。

$$\mu(P) = 1 - \min_{x_i} \sum_{i=1}^{n} |e_i - x_i|$$

ここで min は最小値をとるという操作を表し，各x_iは「整数」かつ「x_iの総和が奇数になる」という条件を満たして動くものとする。定義の上では各x_iの動く範囲は無限になるが，最小値をとっているから，x_iはe_iから1以上は離れない有限の範囲を考えるだけですむ。というのは$|e_i - x_i| > 1$ならば，x_iの代わりに$x_i' = x_i \pm 2$を考えることで，奇偶性を変えずに$|e_i - x_i'| < 1$とできるからだ。

例えば前ページの左図のAの場合，辺長を1, 1/4, 1とすると，$x_1 = x_2 = x_3 = 1$とすることで最小値が達成され

$$\mu(A) = 1 - (|1-1| + |1/4 - 1| + |1-1|) = 1/4$$

となる。Bであれば，辺長は1, 1/4, 1, 1/4, 1だから，x_iをそれぞれ1, 0, 1, 0, 1とすることで，$\mu(B) = 1/2$となる。x_iの総和を奇数としたのは，単位長の辺を奇数個持つ多角形との近さを

$$\min_{x_i} \sum_{i=1}^{n} |e_i - x_i|$$

で表現するためだ。それが0に近いほどつぶれにくいだろうということで，1からそれを引いたものを「つぶれにくさ」の指標とする。確かにPが奇数個の単位辺からなる多角形の場合，すべてのx_iを1とすることで$\mu(P)$は最大の1になる。

先へ進む前に，この指標の性質について1つ触れておこう。n角形Pが1より長い辺e_iを持つとき，e_iを$e_i - 1$と1の2つの辺に分けた"$n+1$角形"をP^+（内角の1つは180°）とすると，$\mu(P) = \mu(P^+)$だということだ。このことは，明らかですましてもよさそうだが，厳密に証明しておこう。

$i = n$つまりP^+はe_1，……，e_{n-1}，$e_n - 1$，1という長さの辺を持つとしても一般性を失わないことはよいだろう。いま，$\mu(P)$を実現するx_iたちをとると，

$$\mu(P) = 1 - \sum_{i=1}^{n} |e_i - x_i|$$

となる。このとき$y_i = x_i$ ($i = 1$，……，$n-1$)，$y_n = x_n - 1$，$y_{n+1} = 1$とすれば，

172

$$\sum_{i=1}^{n+1} y_i = \sum_{i=1}^{n} x_i = [\,\text{奇数}\,]$$

また $|e_n-x_n|=|(e_n-1)-(x_n-1)|+|1-1|$ だから

$$\mu(P)=1-\sum_{i=1}^{n}|e_i-x_i|=1-\left(\sum_{i=1}^{n-1}|e_i-y_i|+|e_n-1-y_n|+|1-y_{n+1}|\right)\leqq\mu(P^+)$$

となる。逆に $\mu(P^+)$ を実現する y_i たちをとれば $y_{n+1}\in\{0,\ 1,\ 2\}$ であることは明らかだから，$y_{n+1}=1$ の場合は $x_i=y_i$ $(i=1,\ \cdots\cdots,\ n-1)$, $x_n=y_n+1$ とおき，$y_{n+1}\in\{0,\ 2\}$ の場合は $x_i=y_i$ $(i=1,\ \cdots\cdots,\ n)$ とおく。前者の場合は

$$|(e_n-1)-y_n|+|1-y_{n+1}|=|e_n-(y_n+1)|+0=|e_n-x_n|$$

より，後者の場合は

$$|(e_n-1)-y_n|+|1-y_{n+1}|=|e_n-1-x_n|+1\geqq|e_n-x_n|$$

より $\mu(P^+)\leqq\mu(P)$ だ。

さて，この指標を導入して証明したいことは，多角形 P が2つの多角形 Q と R に分割されている場合に $\mu(Q)+\mu(R)\geqq\mu(P)$ であるということと，どんな3角形 T の面積 $A(T)$ も $A(T)\geqq(\sqrt{3}/4)\,\mu(T)$ であるということだ。そうすると，奇数本の単位長の辺からなる多角形 P がどのようにたたまれていようと，そのたたまれた図形を3角形 T_1, $\cdots\cdots$, T_k に分割して考えることで，

$$A(P)=A(T_1)+\cdots+A(T_k)\geqq\frac{\sqrt{3}}{4}(\mu(T_1)+\cdots+\mu(T_k))\geqq\frac{\sqrt{3}}{4}\mu(P)$$

が示され，$\mu(P)=1$ だったから，P のたたみ方いかんにかかわらず $A(P)$ は正3角形の面積 $\sqrt{3}/4$ 以上となる。

$\mu(Q)+\mu(R)\geqq\mu(P)$ の証明から考えよう。n 角形 P が長さ d の対角線によって Q と R に分割されているとする。Q を構成する辺を e_1, $\cdots\cdots$, e_k, d, R を構成する辺を e_{k+1}, $\cdots\cdots$, e_n, d とする。y を $y\leqq d\leqq y+1$ なる整数とすると $|d-y|+|d-(y+1)|=1$ である。また $\mu(P)$ が整数 x_1, $\cdots\cdots$, x_n によって実現されている，すなわち

$$\mu(P)=1-\sum_{i=1}^{n}|e_i-x_i|$$

173

とする。$\sum_{i=1}^{n} x_i$ は奇数だから，$\sum_{i=1}^{k} x_i$ と $\sum_{i=k+1}^{n} x_i$ の奇偶は異なる。よって

$$y + \sum_{i=1}^{k} x_i$$

が奇数になると仮定しても一般性を失わない。このとき

$$y + 1 + \sum_{i=k+1}^{n} x_i$$

も奇数になる。すると

$$\mu(P) = 1 - \sum_{i=1}^{n} |e_i - x_i| = 2 - |d - y| - |d - (y+1)| - \sum_{i=1}^{n} |e_i - x_i|$$

$$= \left(1 - |d-y| - \sum_{i=1}^{k} |e_i - x_i|\right) + \left(1 - |d-(y+1)| - \sum_{i=k+1}^{n} |e_i - x_i|\right) \leq \mu(Q) + \mu(R)$$

である。

　次は $A(T) \geq (\sqrt{3}/4)\, \mu(T)$ の証明だ。3角形 T の辺を $e_1 = a$, $e_2 = b$, $e_3 = c$ とし，a, b, $c \leq 1$ の場合をまず考えよう。$\mu(T)$ を定める上での x_1, x_2, x_3 は，一般性を失わず 1, 0, 0 か 1, 1, 1 と仮定してよい。前者の場合，

$$\mu(T) = 1 - \{(1-a) + b + c\} = a - b - c$$

だが，a, b, c は3角形を作っていて $a \leq b + c$ だから，$(\sqrt{3}/4)\, \mu(T) \leq 0 \leq A(T)$ である。後者の場合

$$\mu(T) = a + b + c - 2$$

である。3角形の周長 $d = a + b + c$ が2未満の場合は $(\sqrt{3}/4)\, \mu(T) < 0 \leq A(T)$ となるので，$d \geq 2$ と仮定しよう。周長 $d = a + b + c$ が一定の場合，3角形は細長くなるほど面積が小さいと考えられる。実際 $A(T)$ は $a = b = 1$, $c = d - 2$ のとき最小になることを示そう。ヘロンの公式によれば，$p = (a + b + c)/2 = d/2$ とおいたとき

$$A(T) = \sqrt{p(p-a)(p-b)(p-c)}$$

である。2乗して少し整理すると

$$\frac{A(T)^2}{p(p-a)} = (p-b)(p-c) = p^2 - (b+c)p + bc = \left(p - \frac{b+c}{2}\right)^2 - \left(\frac{b-c}{2}\right)^2$$

となる。よってaも固定したとき，$b+c=d-a$も固定されるから，この値はbとcの差が大きいほど小さくなる。したがって，$b+c=d-a\geq 1$かつb, $c\leq 1$だから，$b=1$か$c=1$のとき最小になる。そこで$b=1$として，同じ議論を繰り返せば，$a=b=1$, $c=d-2$のとき$A(T)$は最小値

$$\sqrt{p(p-1)^2(2-p)}$$

をとることが示される。しかし，$1\leq p\leq 3/2$だから$p(2-p)\geq 3/4$であり，

$$A(T)\geq \sqrt{\frac{3}{4}(p-1)^2}=\frac{\sqrt{3}}{2}(p-1)=\frac{\sqrt{3}}{4}(d-2)=\frac{\sqrt{3}}{4}\mu(T)$$

となる。

 最後に一般の3角形Tの場合を証明しよう。Tの3辺をa, b, cとして，$a\leq b\leq c$とする。$\lceil c \rceil$に関する帰納法で証明しよう（$\lceil c \rceil$はc以上の最小の整数）。$\lceil c \rceil=1$の場合は上で示したので$\lceil c \rceil\geq 2$すなわち$c>1$とする。$\lceil c \rceil>\lceil b \rceil$の場合，$T$を4角形$T^+$と考え，下図の左のように2つの3角形$T_1$と$T_2$とに分解すると，帰納法の仮定により，

$A(T_1)\geq (\sqrt{3}/4)\mu(T_1)$　　　$A(T_2)\geq (\sqrt{3}/4)\mu(T_2)$

だから，

$A(T)=A(T_1)+A(T_2)$
　　　$\geq (\sqrt{3}/4)(\mu(T_1)+\mu(T_2))$
　　　$\geq (\sqrt{3}/4)\mu(T^+)$
　　　$=(\sqrt{3}/4)\mu(T)$

となる。$\lceil b \rceil=\lceil c \rceil$の場合も，下図の右のようにさらに細かく分解していくと帰納法の仮定が使えるようになり，あとは同様である。

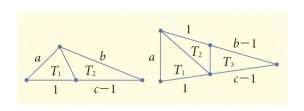

第114話 トランプ兵士たちの相愛図

　不思議の国のトランプ王国で晩餐会がまた開かれる。今や三月ウサギの家の前で行うのが当たり前になったが，たまのことなのでお茶会3人組もあきらめて会場を提供している。ハートの女王は親睦という口実でいつも席順にこだわるのだが，今回は席決めに口を出さず，はやりのアウトソーシング（外部委託）という

ことだろうか，芋虫探偵局に依頼した。外部委託は初めてということもあり，条件は細かくない。仲の良い兵士どうしが近くにかたまらないようにというものだ。兵士たちの関係はおおむね良好で仲が良いが，王侯たちはその条件の対象にならないので，ところどころに王侯を配置すれば，適当に並べてもさほど問題のない席順が作れそうだ。

　ところが，必要なさそうなときに限って妙に張り切ってしまうのが局長の芋虫だ。さっそく40人の兵士全員に意識調査を実施することにした。調査目的を伏せて（かつ回答内容は第三者に提供しないとの約束のもとに），各兵士に自分が友達と思っている兵士全員をリストアップしてもらった。兵士たちはみな正直に回答してきたが，リストを集めてみると，結果には意外な面もあった。ある兵士が別の兵士を友達と思っていても，逆は必ずしもそうでなかったのだ。兵士のペアは $_{40}C_2 = 780$ 組あるが，相思相愛ペアは401組しかいなかったのだ。

　結局，王侯を間に挟まなくても相愛ペアが隣り合わないようにすることができ，依頼自体は簡単に達成できたのだが，その話を聞いた助手のグリフォンが，リストから作った相愛図を見たわけでもないのに，妙な独り言をつぶやいた。「ふむ。相愛ペアが意外に少ないということは，仲良し3人組は存在しないということかな？　いや，そんなことはないな。……うむ，仲良しペアが401組もあれば，確かにその中に仲良し3人組が存在するぞ」。

　読者の皆さんには，このグリフォンの独り言の根拠を考えていただきたい。なお，仲良しn人組とは，n人のグループで，その中のどの1人をとっても，他の$n-1$人全員を友達と思っている場合をいう。余力のある読者はさらに，仲良しペアが401組存在する場合に仲良し3人組が少なくとも20組存在することを証明していただきたい。

第114話の解答

　グリフォンのつぶやきは，グラフ理論におけるマンテルの定理を根拠にしたものだ。その内容は「頂点数nの無向グラフが3角形を含まないとき，グラフの辺数は$\lfloor \frac{n^2}{4} \rfloor$以下である」というものだが，これを兵士の相愛関係に翻訳すれば「n人の兵士の中に仲良し3人組が存在しなければ，仲良しペアはせいぜい$\lfloor \frac{n^2}{4} \rfloor$組しか存在しない」ということになる。なお，無向グラフとは頂点と辺により構成された"ふつう"のグラフ（一方，頂点と，向きを持つ辺で構成されたグラフは有向グラフという）。また，$\lfloor x \rfloor$はx以下の最大の整数を表す。

　したがって，いま兵士の数は40人だから，仲良し3人組が存在しなければ，仲良しペアの数はせいぜい$\lfloor \frac{40^2}{4} \rfloor = 400$組ということになり，401組はそれよりも多いから，仲良し3人組が必ず存在する。

　この定理は，仲良し3人組ができないようにして仲良しペアをどこまで増やせるかを考えていくと，自然に思いつくだろう。というのは，n人を2つのグループAとBに分けて，AB間ではみな仲良しだがAどうしやBどうしでは仲良しペアが存在しない（グラフ理論でいうところの完全2部グラフ）という状況を考えると，この場合に仲良し3人組が存在しないことはすぐに了解されよう。しかし，これにさらに仲良しペアを増やそうとするとAどうしまたはBどうしを仲良くさせるしかないから，仲良し3人組が形成される。n人をグループAとBに分けてAB間ペアをなるべく多くするには，ほぼ同数に分けるのがよいので，その場合にペア数の上限$\lfloor \frac{n^2}{4} \rfloor$が達成される。

　ペア数が$\lfloor \frac{n^2}{4} \rfloor$よりも多いとしよう。このとき，どんな状況下でも仲良し3人組が必ず存在するということは，それほど自明ではない。その証明は複数知られているが，それぞれ特長があるから，そのいくつかを紹介しよう。

　まず，一番シンプルで多くの人が考えつきそうな証明は，数学的帰納法によるものだろう。$n = 3$，$n = 4$のときはそれぞれ$\lfloor \frac{n^2}{4} \rfloor = 2$，$\lfloor \frac{n^2}{4} \rfloor = 4$だが，この場合は仲良し3人組が存在することは相愛図を描けば明らかだ。$n \geqq 5$としよう。兵士uと相愛の兵士の数を$d(u)$と書くことにする。仲良し兵士のペア$\{a, \, b\}$を任意に選ぶ。aとb以外の兵士の全体をVとすればその総数は$n - 2$である。$d(a)$$+ d(b) \leqq n$ならば，$V$どうしの間の仲良しペアの数$e$は

178

$$e > \left\lfloor \frac{n^2}{4} \right\rfloor - (d(a) + d(b) - 1)$$
$$\geqq \left\lfloor \frac{n^2}{4} \right\rfloor - n + 1 = \left\lfloor \frac{(n-2)^2}{4} \right\rfloor$$

となり，帰納法の仮定によりVの中に仲良し3人組が存在する。$d(a) + d(b) > n$ならばaまたはbと相愛のVの兵士の数は延べ$n-2$人より多くなる。よって，だれか1人$c \in V$はaとbの両方と仲良しであり，$\{a,\ b,\ c\}$が仲良し3人組を形成する。

やや技巧的だが，帰納法を使わない証明があるので，そちらも紹介しよう。n人の兵士の集合Vが仲良し3人組を含まないとする。仲良しペア$\{u,\ v\}$の全体をEとし，その要素数$\#E$をeとする。仲良し3人組が存在しないという条件から，$u,\ v$が相愛のとき，$u,\ v$の双方と相愛の兵士$w \in V$は存在しないから，$d(u) + d(v) \leqq n$である。よって

$$\sum_{u \in V} d(u)^2 = \sum_{\{u,v\} \in E} (d(u) + d(v)) \leqq ne$$

である。なお，等号の右辺では各$d(u)$が$d(u)$回加算されているので，左辺の$d(u)^2$の和と等しい。両辺にnをかけ，コーシー・シュワルツの不等式を用いると

$$n^2 e \geqq n \sum_{u \in V} d(u)^2 \geqq \left(\sum_{u \in V} d(u) \right)^2 = 4e^2$$

であり，$n^2/4 \geqq e$が示される。

以上2つの証明は，$d(u)$を頼りにするもので，帰納法とコーシー・シュワルツの不等式などの違いはあれど，同趣向といえよう。しかし，次の証明は意表をつくものではないだろうか。

n人の兵士の集合Vに仲良し3人組は存在しないとして，仲良しペアの数をeとする。それぞれの兵士vに非負の実数$w(v)$を重みとして付け，

$$\sum_{v \in V} w(v) = 1$$

179

という条件下で，総合相愛度

$$S = \sum_{\{u, v\} \in E} w(u)\, w(v)$$

という量を最大化することを考えてみよう（Eは仲良しペア $\{u,\ v\}$ の全体）。兵士aと相愛の兵士たちの重みの総和をS_aと書く。すなわち

$$S_a = \sum_{\{u, a\} \in E} w(u)$$

aとbが仲良しペアでない，すなわち $\{a,\ b\} \notin E$とすると，

$$S = S' + w(a)\, S_a + w(b)\, S_b$$

と書ける。ここでS'はaとbを除く兵士たちに関する総合相愛度である。aとb以外の兵士の重みを一定とすると，S', S_a, S_b, $w(a) + w(b)$ はすべて一定だから，$S_a \geqq S_b$のときにSの値を大きくするには，$w(b)$を0とし，$w(a)$をなるべく大きくするのがよい。ということは，Sが最大化されていたとしたら，そのときの$w(v)$は2人の兵士を除いて全員0と考えてよいということだ。なぜなら，もし重みが0でない兵士が3人以上残っていたとしたら，その3人の中には相愛でない2人が存在する。そして，その場合，その一方からもう一方へすべての重みを移し替えても，少なくともSが小さくなることはないからだ。こうして，Sが最大化されていたとしたら，重みが正の兵士は2人しかいないと考えてよく，その2人は仲良しでかつ重みがともに$1/2$のときにSは最大の$1/4$になる。一方，すべての兵士に$1/n$の重みを付けるとSはe/n^2となるが，もちろんこれは最大の場合の$1/4$を超えることはないから，$e \leqq n^2/4$が示された。

　最後の問題，すなわち，仲良しペアが401組存在する場合に仲良し3人組が1組どころではなく20組以上存在することを示すには，マンテルの定理を次のように強化するのが近道だろう。兵士の相愛関係に翻訳すれば，「2n人の兵士集合Vがn^2組よりも多くの仲良しペアを含むなら，Vにはn組以上の仲良し3人組が存在する」というものだ。この証明もいろいろとありえそうだが，筆者には，地道な帰納法による次のものしかすぐには思いつかなかった。

　$n = 2$のときは相愛図を描けば明らかだ。$2 \leqq n \leqq k$のときに正しいとして，$n = k + 1$とする。マンテルの定理より仲良し3人組が存在するので，そのような

3人a, b, $c \in V$を任意に取り，Vからa, b, cを除いた集合をV'（つまり$V' = V \setminus \{a, b, c\}$）とすると，その兵士の数$\#V'$は$2n - 3 = 2k - 1$である。

$d(a) + d(b) + d(c) \geqq 3k + 5$ならば，$\{a, b, c\}$と$V'$の間に$3k - 1$組以上の仲良しペアが存在するから$a$, b, cのうち2人以上と仲良しペアを作る兵士$v \in V'$が延べk人以上存在し，それぞれがa, b, cのうちの2人と仲良し3人組を形成する。よって，$\{a, b, c\}$と合わせて全部で$n = k + 1$組以上の3人組が存在する。

$d(a) + d(b) + d(c) \leqq 3k + 4$の場合，$d(a) \leqq d(b) \leqq d(c)$としても一般性を失わない。このとき，$d(a) + d(b) \leqq 2k + 2$。よって，$V'' = V \setminus \{a, b\}$とすると$V''$内の仲良しペアの数$e$は，

$$e > n^2 - (d(a) + d(b) - 1) \geqq (k + 1)^2 - (2k + 1) = k^2$$

を満たすから，帰納法の仮定よりV''には仲良し3人組がk個以上存在する。よってVには$\{a, b, c\}$と合わせて$n = k + 1$個以上の仲良し3人組が存在する。

実は，マンテルの定理をさらに一般化したテュランの定理というものがある。それを兵士の相愛関係として述べると「n人の兵士グループVに仲良しk人組が存在しないとしたら，仲良しペアの数eは高々

$$\frac{(k - 2)n^2 - r(k - 1 - r)}{2(k - 1)}$$

だ」となる。なお，$r = n \bmod (k - 1)$である。$k = 3$の場合，上の式は$\left\lfloor \dfrac{n^2}{4} \right\rfloor$と等しくなる。総合相愛度を用いた論法により，

$$e \leqq \frac{(k - 2)n^2}{2(k - 1)}$$

は簡単に導かれるし，rの項がついている場合も帰納法によるマンテルの定理と似た証明が可能だが，細部は読者にお任せしよう。

第115話 大工と助手の配線工事

　最近では，不思議の国や鏡の国でも電化製品の普及は著しい．今まで電気が来ていなかったチェス王室の別荘地でも，何らかの電力インフラは不可欠ということになり，電力供給配線工事を大工に依頼した．

　大工も近頃では，本業の木工作業より，ひっきりなしに来る配線工事の依頼をこなすのに大忙しで，すっかりこの種の仕事に慣れてしまった．どうせ配線依頼は今後も頻繁に来るだろうということで，この際，電気が来ている別荘地の南端

182

から別荘地中央まで，一度に10本の電線を引くことにした。そうすれば，依頼が来るたびに工事をするよりも費用も手間も格段に節約できる。

　手間のかかる工事作業は友達のよしみでセイウチに手伝ってもらうことが多いのだが，今回はあまり当てにならないセイウチに手伝ってもらうよりも，ちゃんと専門教育を受けたという触れ込みの助手を雇うことにした。電線の埋設作業は順調に進み，あとはテストをするだけという段階になった。

　電源装置のある別荘地の南端でテスト準備を終えた大工は，助手に「よし。お前，ちょっと別荘地中央まで行って，0番と1番の電線をつないでこい」と指示する。助手はキョトンとした顔で，「お安い御用だけど，親方，何だってそんなことすんだ？」

　「当たり前だろ。こっちの0番と1番に微弱な電流を流し，流れるようならうまく工事が進んだってことだ」と大工が答えると，「そんなこと言ったって，向こうの1番とこっちの1番がつながってるって，どうしてわかるんだ？」と助手。

　大工はビックリして「何だって？　作業に入る前に，電線の両端に0から9までの番号札をつけとくようにと言ったろ。いや，確かにこちら側にはついているな。作業中に見た限りでは向こう側にもついていたぞ」。

　「んだ。けど親方は番号札をつけろって言っただけで，電線の両端の番号を同じにしろって言わなかったべ。それで，おら適当に札をくっつけといたけんど……」

　結局，助手の言葉からわかったことは，各電線の両端に0番から9番の札がつ

いているだけで，番号どうしは何の対応もとれていないということだ。それでも，例えば向こう側の0番と1番をつなぎ，こちら側の3番と6番に電流を流して通電していることが確認できれば，こちらの3番と向こうの0番または1番が同じ電線であることがわかる。こちらの6番も同様だ。しかし，向こうとこちらの番号の対応がどうなっているかを完全に把握するには，こういったことを何回繰り返せばよいだろうか？

　こうなってみると，助手に指示を与えて1人で作業させるのは不安で，任せる気になれない。別荘地の南端と中央を行き来する回数をなるべく少なくして，各電線の番号の対応を完全に定める方法を考えてほしい。なお，電源装置は南端にしかないので，通電テストはそこでするしかなく，中央では電線のつなぎ方を変えるくらいしかできることはない。

・・・

第115話の解答

　この問題は，英語ではWire Identification Problem（電線同定問題）と呼ばれ，ご存じの読者もおられるかもしれない。両サイドへの行き来を何度も繰り返す必要がありそうな印象だが，そうでもない。実は2回の往復で十分だ。逆に，1回に減らすことはできないだろう。

　解答には「10が三角数であることを利用するのではないか」とのご意見を読者の1人からいただいた。筆者が用意しておいた解答とは違うが，確かに$10 = 1 + 2 + 3 + 4$であることを利用したほうがわかりやすそうだから，まずそれを述べよう。

　対応を示しやすいように別荘地中央側の電線を番号順に$c0$，$c1$，……，$c9$と呼ぶことにしよう。南側も同様に$s0$, $s1$, ……, $s9$とする。まず別荘地中央に行き，$c0$-$c1$-$c2$-$c3$をすべてつなぐ。また$c4$-$c5$-$c6$と$c7$-$c8$をそれぞれつなぐ。それから南端に戻り，2本ずつ電線を選び通電テストを行う。どの電線も切れていなければ，互いに通電する線が2本，3本，4本のグループに分かれ，1本はどことも通電しないはずだ（そうでないなら，埋設した電線がどこかで切れているから，大工には気の毒だが工事をやり直す必要がある）。再び別荘地中央に行き，今ま

での結線を外して今度は$c3$-$c6$-$c8$-$c9$，$c2$-$c5$-$c7$，$c1$-$c4$をそれぞれつなぐ。どの電線も2回の結線で別のグループに入るようにするのがミソだ。もう一度南端に戻って通電テストを行うと，今度も1本，2本，3本，4本のグループに分かれる。例えば，$s0$が1回目は2本のグループ，2回目は4本のグループに入ったとしよう。すると中央側でそれに該当する電線は$c8$だけだから$s0 = c8$とわかる。他の電線も同様だ。

しかし，実は10が三角数というのとは無関係に，電線が3本以上の場合に適用できる手法があり，それによっても2回の往復で電線の同定が可能だ。

まず別荘地中央で，$c2$-$c3$，$c4$-$c5$，$c6$-$c7$，$c8$-$c9$をつなぎ（$c0$と$c1$はつながないのがミソ），南端に戻って通電テストを行う。例があったほうがわかりやすいだろうから，例えば$s0$-$s8$，$s2$-$s9$，$s3$-$s6$，$s5$-$s7$と通電し，$s1$と$s4$はどことも通電しなかったとしよう。再び別荘地中央に行き，今度は$c1$-$c2$，$c3$-$c4$，$c5$-$c6$，$c7$-$c8$をつなぐ（$c0$と$c9$はつながない）。2回目の通電テストでは，$s0$-$s6$，$s1$-$s8$，$s2$-$s3$，$s5$-$s9$が通電したとしよう。

あとは，これらのデータをじっくり眺めていると，電線番号の対応がわかってくる。まず，2回ともつながなかった$c0$だが，2回とも通電のなかった$s4$と同じ線だとわかる。つまり$c0 = s4$だ。次に$c1$だが，最初のテストでは通電していなかったが，2回目のテストで通電した$s1$と同じ線だとわかる（$c1 = s1$）。さらに$c2$だが，2回目のテストで$c1$とつないだので，2回目に$s1$と通電した$s8$と同じだ（$c2 = s8$）。さらに最初のテストで$c2$とつないだ$c3$は，$s8$と最初のテストで通電していた$s0$とわかる（$c3 = s0$）。以下，順繰りにたどっていくことで，$c4 = s6$，$c5 = s3$，$c6 = s2$，$c7 = s9$，$c8 = s5$，$c9 = s7$と対応関係が現れてくる。電線が3本以上の場合にこれをどう一般化するかはほとんど自明だと思うので，読者にお任せしよう。

どちらの手順でも，実際には，電線を利用する前に別荘地中央に行って結線を外す必要があるし，番号札もわかりやすくつけ替えたほうがよいだろうが，ともかく2往復だけで電線の同定はできる。実は，後者の手順では$c0 = s4$の同定はできるが，この線が切れていてもそれがわからない。電線が1，2，4本以外の場合，2往復ですべての電線を同定するとともに，電線が切れていればそれがわかるような手順もあるが，複雑だ。さらなる改善を含め読者の工夫を期待したい。

第116話 賞金の分割

　不思議の国と鏡の国との合同演芸会がまた近づいてきた。人気の高い催しで，特技を披露して喝采を浴びようと考える者も多く，みな出し物の練習に励んでいる。ところが，主催するトランプ王室とチェス王室は，入賞者に配る賞金をどう工面するかで頭を悩ましている。というのも近年は不況気味で，税収がかなり落ち込んでいるのだ。かといって，賞金の工面を理由に増税をするわけにもいかな

いから，恥を忍んで，例のマハラジャ出身ではないかと噂されるお大尽に援助を頼んでみようということになり，それぞれの王室を代表してハートのジャックと白の騎士を派遣した。

金品をばらまく機会をいつもうかがっているお大尽は，ご満悦で「ほほー。いや，あの演芸会は実に楽しい。わしもいつも楽しみにしておる。もちろん喜んで寄付しますぞ」と言って，従者に財布を持ってこさせた。従者が財布を開けると，銀貨がぞろぞろと出てくる。「おや，あまり持ち合わせがないようじゃ」と言いながらも，銀貨は全部で315枚あった。

「賞金の総額はこれくらいでよいかのう？」との問いに2人の使者がうなずくのを見て，「しかしご存じの通り，わしはなるべく均等に振る舞うのが好きでのう」と続ける。2人が顔を見合わせていると，「いやいや，みんな同じ額にしようというのではない。演芸会ではせっかく順位をつけているのだから，その順に賞金額が減るのでないと，芸を披露するほうもやりがいがないしのう。だが，例えば1位が50枚なら，2位は49枚，3位は48枚というふうに順に銀貨を1枚ずつ減らしていくようにできないものかのう？」

実は，銀貨315枚という総額は，お大尽の要請を満たす入賞者の人数の選択肢が多いという意味でラッキーだった。入賞者を1位だけにして全賞金を与えるのでも，入賞者を2位までにして賞金を158枚と157枚に分け合うのでも，要請は満たされているが，お大尽はもっと大勢に入賞させたいに違いない。さて，読者には，まずウォーミングアップとして，お大尽の要請を満たしたうえでなるべく多くの人を入賞させた場合の最大の入賞者数と1位の賞金を求めていただきたい。また，総額が315枚の場合，お大尽の要請を満たす賞金分割法はそもそも何通りあるだろうか？

315枚という総額はラッキーだったと述べたが，お大尽と主催者にとってとてもアンラッキーな枚数というのがある。つまり入賞者を1位だけにして全賞金を1位に与える以外にお大尽の要請を満たす賞金分割法がない場合だ。次の問題としては，とてもアンラッキーな場合がどのような総額のときかを考えていただきたい。

「入賞順位の順に銀貨の枚数が1枚ずつ減っていく」というのはとても制限の強い要請だ。これを「入賞順位にしたがって賞金枚数が減っていく」にすれば，

187

入賞者数も賞金額もかなり自由に設定できる。n枚の銀貨を後者のように分ける方法の数を$p(n)$と書くとしよう。例えば，総額がわずか6枚の場合でも，これを分けるには6，5＋1，4＋2，3＋2＋1という4通りがある。つまり$p(6)=4$だ。

　一般に$p(n)$をnから計算するのは，簡単とは言いにくいが，実はn枚の銀貨を重複を許して奇数枚ずつに分割する方法の数と同数であることが知られている。例えば6を重複を許して奇数に分けるには5＋1，3＋3，3＋1＋1＋1，1＋1＋1＋1＋1＋1で，確かに$p(6)=4$通りある。読者はこの事実を証明できるだろうか？

第116話の解答

　最初の問題は，まず結論を述べるなら，315を25＋24＋……＋6＋5に分けることで入賞者21人の場合に対処でき，それが可能な最大の入賞者数だ。これが最大であることは，入賞者数をさらに増やそうとすると，1位の賞金は24枚以下だから賞金総額は最大でも24＋23＋……＋2＋1＝（24×25）/2＝300となり，315に満たなくなることからわかる。そもそも何通りの賞金分割法があるかという問題，入賞者数が最大になる分割法を試行錯誤以外でどうやって見つけるかという問題については，後続の問題も絡めながら，検討していくことにしよう。

　次の問題は，お大尽の要請を満たそうとすると，1位に全額を渡す以外には方法がないような銀貨の枚数を特定することだ。そのために比較的少ない枚数を調べていくことで予想を立てよう。すぐわかるのは1枚と2枚の場合で，これらは分けようがない。3は2＋1に分けることができる。次に分けられないのは4枚の場合で，その次は8枚になる。以降，地道に調べていくと16枚，32枚の場合に分けられないことが判明し，ここまでくれば，2のベキ，すなわち非負の整数nにより2^nと書ける枚数の場合だと予想がつく。

　さて，これはどうしてだろうか？　すぐわかることをいくつか述べていくと，1位の賞金がn枚のとき，2位の賞金は$n-1$枚であり，1位と2位の賞金の合計は$2n-1$枚になる。逆に言うと，総枚数が奇数ならば必ずこのように分けられる。また，3位までを入賞とすると，3人の賞金枚数はそれぞれn，$n-1$，$n-2$枚だから，合計$3(n-1)$枚になる。逆に言うと，総枚数が3の倍数であれば，3人に分けられる。

　このまま，4位までが入賞の場合，5位までが入賞の場合と順に増やしていってもよいのだが，奇数位までが入賞の場合をまず一般化しよう。mが正の整数のとき$2m+1$位までを入賞とすると，賞金総額が$2m+1$の倍数，すなわち$(2m+1)p$（pは整数）の形でかつ$p>m$ならば，賞金額を順に$p+m$，$p+m-1$，……，$p-m+1$，$p-m$とすることでお大尽の要請が達成される。$p \leqq m$の場合，このままでは最下位の賞金額$p-m$が0以下になってうまくいかないのだが，実は，下位$2(m-p)+1$人の賞金$m-p$，$m-p-1$，……，$p-m+1$，$p-m$

189

の合計が0になっていることに気づくと，上位$2p$人の賞金額$p+m$，$p+m-1$，……，$m-p+2$，$m-p+1$の合計が$(2m+1)p$であり，$2p$位までの賞金分割を与えることがわかる。逆に偶数$2p$位までの分割は，1位の賞金を$p+m$とすると，0や負の賞金額を用いた$2m+1$位までの分割に変換することができ，どちらも賞金総額は$(2m+1)p$枚となる。

以上より，お大尽の要請を満たす賞金分割が存在する場合，入賞者数が奇数であろうと偶数であろうと賞金総額は$(2m+1)p$という形でなければならず，1位の賞金は$p+m$だとわかる。当然，賞金総額は奇数の約数を持たねばならないし，ちょうど奇数の約数の数だけの分割方法が存在する。

総額が2^n枚の場合，2^nは1以外の奇数の約数を持たないので，全額を1位に渡す以外に分割法はない。総額が315枚の場合，$315 = 3^2 \times 5 \times 7$だから，315の奇数の約数は$(2+1)\times(1+1)\times(1+1) = 12$個ある。よってその分割法も12通りだ。具体的には，$315 = (2m+1)p$には$2m+1$とpの組として下の表のような可能性があり，それぞれが1位賞金を$p+m$枚とする分割

$$315 = 106 + 105 + 104 = 39 + \cdots + 31 = 65 + \cdots + 61$$
$$= 28 + \cdots + 14 = 29 + \cdots + 16 = 48 + \cdots + 42 = 25 + \cdots + 5$$
$$= 36 + \cdots + 27 = 26 + \cdots + 9 = 55 + \cdots + 50 = 158 + 157$$

を与える。これらの中で入賞者数が最大なのは1位の賞金$p+m$が最小となる分割法だ。

最後の問題は，お大尽の要請をはずし，「賞金額が順位に従って減っていく」という条件だけにした場合のn枚の銀貨の分割方法の数$p(n)$が，賞金額の重複はあってもよいが奇数枚にのみ分割する場合の分割方法の数と等しくなることの証明だ。参考にした書籍「Integer Partitions」（G. E. アンドリュース／K. エリ

$2m+1$	1	3	9	5	15	45	7	21	63	35	105	315
p	315	105	35	63	21	7	45	15	5	9	3	1
$p+m$	315	106	39	65	28	29	48	25	36	26	55	158

クソン著, Cambridge University Press）によれば, この事実はオイラー（Leonhard Euler）が発見したそうだが, 具体的な $p(n)$ の式を与えなくても証明できることが面白い。

オイラーによる証明は, 母関数を利用したようだが, ここではもっと平易な組み合わせ論的考察によるものを紹介しよう。それは, 賞金額が次第に減っていく分割と奇数枚だけへの分割との間で1対1の対応を作るという方法だ。勝手な分割を考えると, 同じ数の重複があるかもしれないし偶数を含むかもしれないが, それが偶数 $2k$ を含むときにその数を $k+k$ に2等分する操作（A）と, 逆に同じ数 k を重複して含むときに合わせて $2k$ にする操作（B）を考えよう。（A）と（B）は明らかに逆操作であり, それらにより移り合う分割を同じグループとしてまとめよう。

具体的に $n=6$ の場合を考えてみると, $\{6, 3+3\}$ が1つのグループになり, $\{5+1\}$ は単独で1グループになる。また, $\{4+2, 4+1+1, 2+2+2, 2+1+1+1+1, 1+1+1+1+1+1\}$ と $\{3+2+1, 3+1+1+1\}$ もそれぞれグループを作る。すると, それぞれのグループに同じ数が重複しない分割と奇数だけからなる分割とが1つずつあり, それらが1対1に対応するのだ。

詳細な証明は省くが, 一般の n の場合にも, この関係は成立し, グループ数, 同じ数が重複しない分割の数, 奇数だけによる分割の数はいずれも一致し, $p(n)$ である。同じ数が重複しない分割は操作（A）を繰り返すことで奇数だけによる分割になり, 逆に奇数だけの分割は操作（B）を繰り返すことで同じ数が重複しない分割になるから, 直感的には対応は明らかだろう。

前述の「Integer Partitions」には邦訳（『整数の分割』, 佐藤文広訳, 数学書房）がある。興味があれば参照されたい。

坂井 公（さかい・こう）

数学者。1953年北海道生まれ。東京工業大学理工学研究科修士課程修了。2019年3月まで筑波大学大学院数理物質科学研究科准教授。学生時代よりマーチン・ガードナーの「数学ゲーム」のファンで，その後1984年から7年間にわたり日経サイエンスに連載されたA. K. デュードニー「コンピューターレクリエーション」の翻訳を隔月で担当した。日経サイエンス2009年5月号より「パズルの国のアリス」を連載中。訳書に『ロジカルな思考を育てる数学問題集（上・下）』（ドリチェンコ著，岩波書店，2014），『偏愛的数学 驚異の数』『偏愛的数学 魅惑の図形』（ポザマンティエ，レーマン著，岩波書店，2011）など。

斉藤重之（さいとう・しげゆき）

イラストレーター，デザイナー。1969年北海道生まれ。筑波大学情報学類を卒業後，デザイン事務所勤務を経て，1999年よりフリーランス。

デザイン　八十島博明，岸田信彦（GRID）

ハートの女王とマハラジャの対決
パズルの国のアリス3

2019年6月28日　1版1刷

著　　者　坂井 公
　　　　　© Ko Sakai, 2019
発行者　鹿児島昌樹
発行所　株式会社 日経サイエンス
　　　　　http://www.nikkei-science.com/
発　売　日本経済新聞出版社
　　　　　東京都千代田区大手町1-3-7　〒100-8066
　　　　　電話03-3270-0251（代）
印刷・製本　株式会社 シナノ パブリッシング プレス

ISBN978-4-532-52077-9

本書の内容の一部あるいは全部を無断で複写（コピー）することは、法律で認められた場合を除き、著作者および出版社の権利の侵害となりますので、その場合にはあらかじめ日経サイエンス社宛に承諾を求めてください。

Printed in Japan